产品设计材料的
探索与创新运用

余雅林　编著

U0243544

化学工业出版社

·北京·

内容简介

本书侧重从设计思维的角度去认识和研究材料，建立适合艺术设计专业的材料研究的思路和方法，在实践内容的设计上也是循序渐进进行。

每个章节的具体内容如下：

第1章，比较概要地介绍了材料的定义和分类，在分类中侧重介绍了一些新型功能材料，同时考虑到未来产品设计的更新换代，给予了一定的拓展空间。

第2章，从加工工艺的角度去介绍材料，让设计师从中了解到材料通过各种工艺方式、形态及表面产生的变化，使产品的设计能适应不同的需求。

第3章，从实践角度出发，从实验中去建立对材料的基本特性的认知。

第4章，在前3章的基础上进行思维的发散，尝试摸索出对材料的创新运用方法。

第5章，了解材料在各领域的设计运用，为人类的衣食住行等提供了更多的可能性和便捷性，也满足了各行业、各类消费群体的要求。

本书适合于普通高校产品设计、工业设计专业及相关专业师生学习参考，也可供艺术设计领域、材料研究领域的从业者和学习者阅读参考。

图书在版编目（CIP）数据

产品设计材料的探索与创新运用/余雅林编著. —北京：化学工业出版社，2023.4
ISBN 978-7-122-42914-8

Ⅰ. ①产… Ⅱ. ①余… Ⅲ. ①产品设计-研究 Ⅳ. ①TB472

中国国家版本馆CIP数据核字（2023）第022990号

责任编辑：李彦玲 装帧设计：王晓宇
责任校对：王 静

出版发行：化学工业出版社（北京市东城区青年湖南街13号 邮政编码100011）
印 装：北京新华印刷有限公司
787mm×1092mm 1/16 印张7¹/₂ 字数178千字 2023年4月北京第1版第1次印刷

购书咨询：010-64518888 售后服务：010-64518899
网 址：http://www.cip.com.cn
凡购买本书，如有缺损质量问题，本社销售中心负责调换。

前言
PREFACE

产品设计所涉及的材料成千上万，并随着科技的发展不断推陈出新，面对众多新型材料及新的加工工艺，作为艺术设计师，如何去认识及运用？在这样的背景下，首先应建立正确的思维方式和方法，从多角度去认知和探索，并找到合适的以及创新的路径和方法。

笔者在江南大学教授材料与工艺的课程已有数年，在每一次的教学过程中，都试图去做一些教学上的探索和创新，从每一次的教学结果中进行总结和梳理，因此得到了本书的思路框架，结果并不一定成熟，但也是一种尝试，期望得到同行的指正！

我们将继续调整、补充和完善，以期更系统、更科学、更加通俗易懂和易于操作。

本书打破常规的方式，不完全从材料学的角度去介绍材料，而是从艺术设计的角度去认知和探索材料，建立一定的方法，在此基础上可以面对众多分类的材料和不断面世的新型材料，运用设计思维的方法，去探索研究如何将这些材料与产品设计进行结合。在一些章节内容安排上有一定的创新，比如：从加工工艺的角度解读材料的形态变化方式等，让艺术设计师对于材料有了比较直观的认知和了解，从而在设计过程中，能避免或者反过来利用加工工艺带来的弊端。第3章和第4章同样也是从新的角度去设计练习，从而融入设计者的思考和创新。

本书在编写过程中遇到一些挑战和困难，得到了朋友、同事、学生的大力帮助和支持，在此特别感谢江南大学化工学院李明副教授，设计学院产品设计系学生杨诗雨、杨燕泽、刘姿汝、朱安琦、王可航、王弋、栾亦卉、邵意婷、刘馨滢，以及课程参与的所有同学，感谢在你们的帮助下，才使得本书更早落地！感谢江南大学设计学院在教学改革上的大力支持！

余雅林　于江南大学设计学院
二〇二二年十月

目录

CONTENTS

5 材料应用畅想 / 099

参考文献 / 114

材料是什么?

1.1 材料的定义

艺术设计离不开材料，材料是艺术设计的物质基础，离开了它，艺术设计就只能是"纸上谈兵"。艺术设计是一部设计史，同时也是一部材料史。正如材料学专家莫里斯·科恩所说："我们周围到处都是材料，它们不仅存在于我们的现实生活中，而且也扎根于我们的文化和思想领域。事实上，材料与人类的出现和进化有着密切的联系，因而它们的名字已作为人类文明的标志，如石器时代、青铜时代和铁器时代。天然材料和人造材料已成为我们生活中不可分割的组成部分，以至于我们常常认为它们的存在是理所当然的。材料已经与食物、居住空间、能源和信息并列一起组成人类的基本资源。"人类的艺术设计及其造物活动正是从选择材料和利用材料开始的。

材料是一切可被用于生活、生产的物质，这里的物质是宽泛的概念，可以是有形的、可触摸的，也可以是无形的、触摸不到的。材料是物质，但不是所有物质都可以称为材料。材料除了具有重要性和普遍性以外，还具有多样性。由于材料多种多样，其分类方法也就没有一个统一标准。因此，同一物品在不同标准下可能被分为不同类型的材料。

1.2 材料的分类

1.2.1 按材料的性质分类

当材料按性质分类时，可以分为有机材料和无机材料。

有机材料：有机材料指的是成分为有机化合物的材料，其最基本的组成要素是含碳元素，常见的棉、麻、化纤、塑料、橡胶等都属于此类，如图1-1～图1-3所示。"有机"是指含碳，尤指其中氢原子连接到碳原子上的化合物的有机溶剂。

图1-1　有机材料（麻布）

图1-2　有机材料（塑料）

图1-3　有机材料（橡胶）

图1-4 传统无机材料（陶瓷）

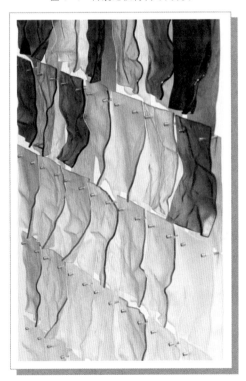

图1-5 传统无机材料（玻璃）

无机材料：无机材料一般可以分为传统无机材料和新型无机材料两大类。问世较早的无机材料主要有陶瓷、玻璃和水泥，后来又出现了耐火材料。现在，光学玻璃、工业陶瓷、石棉、云母、铸石、金刚石、石墨等无机材料已成为现代科学技术中不可缺少的重要材料。

传统无机材料是指以二氧化硅及其硅酸盐化合物为主要成分制备的材料，因此又称硅酸盐材料，如无机玻璃（硅酸盐玻璃）、玻璃陶瓷（微晶玻璃）和陶瓷等（图1-4、图1-5）。

新型无机材料是用氧化物、氮化物、碳化物、硼化物、硫化物、硅化物以及各种非金属化合物经特殊的先进工艺制成的材料，如低维材料、高技术陶瓷（纳米陶瓷、敏感陶瓷、先进结构陶瓷等）、无机生物医学材料等。如图1-6所示为纳米陶瓷。纳米陶瓷是将纳米级陶瓷颗粒、晶须、纤维等引入陶瓷母体，以改善陶瓷的性能而制造的复合型材料。其提高了母体材料的室温力学性能，改善了高温性能，并且此材料具有可切削加工和超塑性。

1.2.2 按材料的构成分类

当材料按构成分类时，可以分为单质材料和复合材料。

图1-6 新型无机材料（纳米陶瓷）

单质材料：由同种元素组成的纯净物叫作单质。元素以单质形式存在时的状态叫作元素的游离态，据此，单质的概念也可以理解为：由一种元素的原子组成的以游离形式较稳定存在的物质。单质包括金属单质（铁、铝、铜、金、银、钨、锰、镁等）、非金属单质（碳、硫、磷等）、氢气、氧气、氮气、稀有气体等。常见的单质材料如图1-7所示。

复合材料：复合材料是运用先进的材料制备技术将两种或两种以上异质、异形、异性的材料复合形成的新型材料，可分为常用和先进两类。常用复合材料有玻璃钢，已广泛用于船舶、车辆、化工管道和贮罐、建筑结构、体育用品等方面。先进复合材料指用高性能增强体，如碳纤维、芳纶等高性能耐热高聚物构成的复合材料，由于价格较高，主要用于国防工业、航空航天、精密机械、机器人结构件和高档体育用品等（图1-8、图1-9）。

图1-7　单质材料（铁）

图1-8　复合材料艺术品（碳纤维＋玻璃）

复合材料的基体材料分为金属和非金属两大类。金属基体常用的有铝、镁、铜、钛及其合金。非金属基体主要有合成树脂、橡胶、陶瓷、石墨、碳等。

1.2.3 按材料的性能特点和用途分类

当材料按性能特点和用途分类时，可以分为结构材料和功能材料。

结构材料：以力学性能为基础，为受力构件所制造的材料。当然，结构材料对物理或化学性能也有一定要求，如光泽、热导率、抗辐照、抗腐蚀、抗氧化等。以强度为主要功能的材料强调其力学性能。结构材料在建筑领域的应用见图1-10。

功能材料：功能材料是指通过光、电、磁、热、化学、生化等作用后具有特定功能的材料。功能材料涉及面广，相对于通常的结构材料而言，除了具有机械特性外，根据材料的特性特征和用途，也可以将功能材料定义为：具有优良的电学、磁学、光学、热学、声学、力学、化学、生物学功能及其相互转化的功能，被用于非结构目的的高技术材料。

图1-9　复合材料在精密机械领域的应用

功能材料包括电功能材料、磁功能材料、光功能材料、新能源材料及其他功能材料。

（1）电功能材料

电功能材料包括电导材料、介电材料、压电材料和光电材料等。

① 电导材料又包括导电材料、导体材料、半导体材料（图1-11）、超导材料等。导电材料有金属材料（如银、铜）、合金材料（如镍铬合金）、无机非金属材料（如石墨）、导电高分子材料（如聚苯胺、聚乙炔）。超导材料有元素超导体（如Rh、W、Mo、Nb等）、合金和化合物超导体（如钡钇铜氧、NiTi等）、有机高分子超导体（如聚氮化硫）。

② 介电材料又叫电介质，是具有电极化特征的材料。介电材料在电场作用下对外表现出极化强度，极化强度越大，

图1-10　结构材料在建筑领域的应用

其介电常数就越大（介电常数是反映材料储存电荷能力大小的一个参数），如制作电容器的材料就属于这一类。介电材料有钛酸钡($BaTiO_3$)、钽酸锂($LiTaO_3$)、聚苯乙烯薄膜等。

③ 压电材料是指具有压电效应的材料。压电效应是指没有对称中心的材料受到机械应力作用处于应变状态时，其内部会引起电极化的现象。利用压电材料可以制成各种传感器、扬声器、超声探测仪等。压电材料有铁酸钡陶瓷、聚偏二氟乙烯等。

④ 光电材料指受光照射后，电导率急剧上升的一种材料。例如CdS陶瓷、ZnO、PbO、聚乙烯咔唑在一定条件下都能表现出光导电性，它们可以用于太阳能利用、静电复印等领域。

（2）磁功能材料

磁功能材料指具有强磁性的材料（具有能量转换、存储或改变能量状态的功能），如磁记录材料（图1-12）、磁制冷材料、稀土永磁材料等。

（3）光功能材料

光功能材料指在外场，如电、光、磁、热、声、力等作用下，利用其本身光学性质（如折射率或感应电极化）发生变化的原理，去实现对入射光信号的探测、调制以及能量或频率转换作用的光学材料的统称。按照具体作用机理或应用目的不同，可把光功能材料进一步分为电光材料、磁光材料、弹光材料、声光材料、热光材料、非线性光学材料以及激光材料（图1-13）等多种。

图1-11　电导材料中的半导体材料

图1-12　磁记录材料

图1-13　激光材料

（4）新能源材料

新能源材料是在环保理念推出之后，引发的对不可再生资源节约利用的一种新的科技理念的材料、新近发展的或正在研发的性能超群的材料。新能源材料具有比传统材料更为优异的性能，如光电转换材料（图1-14）、储氢材料。

（5）其他功能材料

其他功能材料有形状记忆合金、智能材料（图1-15）、梯度功能材料、生物医用材料、信息材料、生态环境材料等。

功能材料是材料的发展方向，是材料领域最活跃、最具有发展前途的材料之一。

图1-14　光电转换材料

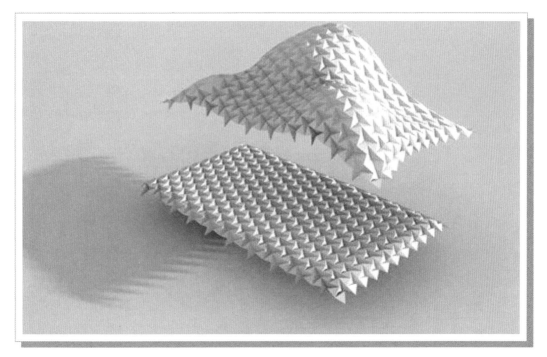

图1-15　智能材料

2

从加工工艺中认识材料

Product Design Materials

材料是设计和制造的物质基础，自工业革命以来已由最初的木材、金属扩展到塑料、橡胶等。而如今哪怕是同一种类型的材料，在成分上也在不断地调整升级。材料的加工工艺也在不断地升级更新，但不论是哪一种类型的材料，其加工都由最基本的成型、组合的原理演变而成。在熟悉了这些基本的加工手段后，工业设计就能不仅仅局限于当前常见的材料与工艺的组合方式，而可以通过不同材料和不同工艺的组合应用进行创新，从而开发出新的产品。

2.1　材料形态的转变

从原材料到产品的过程离不开对材料形态的改变，同一种原材料经过不同的加工方式可以得到性能、形态完全不同的新材料，而不同的材料经过相似的加工工艺，也可能得到相似的性能和形态。本节将原材料的形态转变简单地分为三类，即液态转换固态、半固态转换固态、固态直接变换形态，列举了一些当前基础材料的工艺应用方式及其特征，并拓展了一些新型材料的研究思路。

2.1.1　液态转换固态

（1）液态转换固态的物理变化

① 产品的基本成型方法。常见的铸造工艺有金属铸造、塑料注塑、陶瓷注浆等。

金属铸造：金属铸造是将液态金属在重力或外力作用下填充到型腔中，待其凝固冷却后，获得所需形状、尺寸和精度的毛坯或零件的方法。

传统砂型铸造工艺的基本流程有配砂、制模、造芯、造型、浇注、落砂、打磨加工、检验等步骤，如图2-1所示。

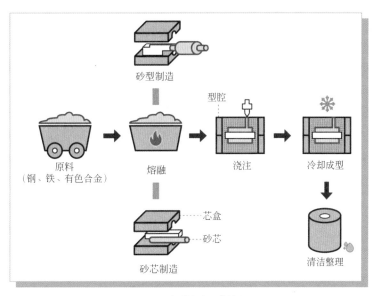

图2-1　砂型铸造工艺流程

塑料注塑：塑料注塑是将粉粒状的塑料原料先在加热料筒中均匀塑化，然后由柱塞或移动螺杆将黏流态塑料用较高的压力和速度注入到预先合模的模具中，冷却硬化而成所需制品的成型方法。

注塑工艺流程（图2-2）具体如下。

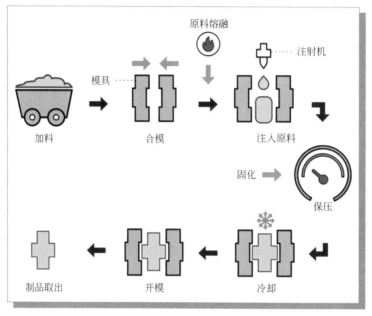

图2-2　注塑工艺流程

a. 原料颗粒预热；

b. 将粒状或粉状塑料从注射机的料斗送入料筒内加热熔融（如需调色或改性，需提前进行混料搅匀，量产阶段则需要抽粒处理以保证稳定性）；

c. 在柱塞或螺杆的加压下物料被压缩并向前移动，通过机筒前的射嘴以很快的速度注入较低温度的闭合模腔内；

d. 一定时间冷却定型后开启模具，取出制品。

陶瓷注浆：将泥浆注入具有吸水性能的模具中，外侧先干，然后倒掉多余泥浆，得到坯体。

陶瓷注浆工艺流程大致为配料加水、调成泥浆成为坯泥、注浆成型、开模、干燥、烧制成型（图2-3、图2-4）。

② 铸造工艺的基本特点。

分模线：塑料件需要分成几个部分成型，各个部分拼在一起组成一个密闭空间，那么各个部分之间的线就是分模线，如图2-5所示。在产品设计中分模线是一个非常需要设计师关注的点，将分模线的细节加以考虑可以得到高质量的设计作品；如果忽视它并且不加以处理，则会成为产品的败笔。

壁厚均匀：如果壁厚不均匀，会造成材料的收缩不一致，厚壁位置会在表面出现缩水、凹坑等问题。另外，壁厚不均匀对材料在模腔内的流动有影响，产品表面会出现纹理、冲击痕等问题。

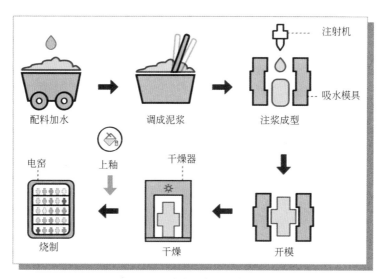

图2-3 陶瓷注浆工艺流程

图2-4 陶瓷注浆实景图

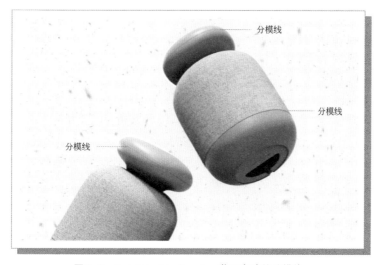

图2-5 Turning-AI Speaker蓝牙音响的分模线

（2）液态转换固态的化学变化

树脂固化：将树脂与固化剂混合后固化成型。

树脂成型工艺的基本特点：化学反应会带来一些特殊非可控的效果，如树脂颜色的渐变、微小气泡的产生、不规则的孔洞。正因为变化的不可控性，这样的材料可以给人带来更多自然生态的感受。

树脂成型工艺的基本流程：在模腔中铺放好与制件结构形式一致的增强材料预成型体；在一定的温度、压力下，采用注射设备将低黏度的液态树脂注入闭合模腔中，树脂在浸渍预成型体的同时，置换出模腔中的全部气体；在模腔充满液态树脂后，通过加热使树脂固化；脱模获得产品，如图2-6所示。

发泡成型：通过物理发泡剂或化学发泡剂的添加与反应而形成蜂窝状或多孔状结构的过程叫发泡成型。

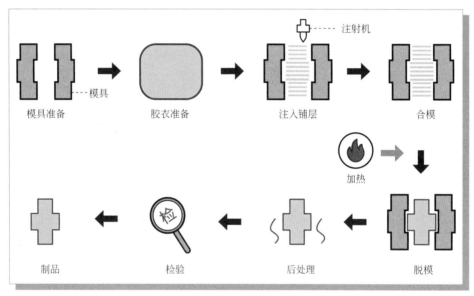

图2-6　树脂成型工艺流程

2.1.2　半固态转换固态

（1）锻造成型

基本原理：用锤锻或压力方式对加热的坯料施力，使金属坯料在不分离条件下产生塑性变形，以获得形状、尺寸和性能符合要求的零件。

特征：与铸件相比，金属经过锻造加工后能改善其组织结构和力学性能。铸造组织经过锻造方法热加工变形后，由于金属的变形和再结晶，可使原来的粗大枝晶和柱状晶粒变为晶粒较细、大小均匀的等轴再结晶组织，使钢锭内原有的偏析、疏松、气孔、夹渣等压实和焊合，其组织变得更加紧密，提高了金属的塑性和力学性能。

工艺流程：锻坯下料、锻坯加热、辊锻备坯、模锻成型、切边、冲孔、矫正、锻件热处理、中间检验、矫正、CNC加工，最后再检验锻件的尺寸和表面缺陷，如图2-7所示。

（2）吹塑/吹制成型

基本原理：先在吹口将材料加热至熔融状态，接着充入气体，得到中空的产品。广为人知的吹塑对象有瓶、桶、罐、箱等。

特征：吹塑制品综合性能优良，具有耐环境应力开裂性高、气密性好、耐冲击、韧性强、耐挤压等特点。

工艺流程：将塑料型坯置入模具；将瓣合模具闭合；夹紧模具并切断型坯；向模腔的冷壁吹胀型坯；调整开口并在冷却期间保持一定的压力；打开模具卸下被吹的零件；后续修整得到成品，如图2-8所示。吹塑模具见图2-9。

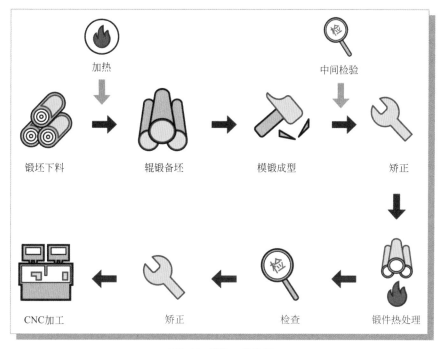

图2-7 锻造工艺流程

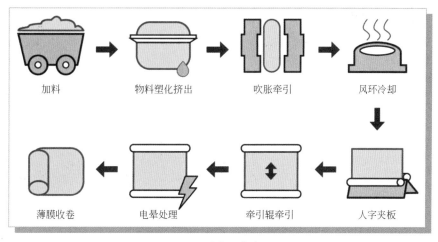

图2-8 吹塑工艺流程

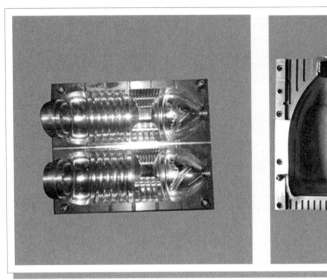

图2-9　吹塑模具

（3）模压成型

基本原理：用压力/推力使坯料变形。可以有固定的模具，也可以没有。可制作薄壁、深孔、异形截面等复杂形状（塑料、陶瓷等）。

特征：模压成型的产品尺寸精度高，重复性好；生产效率高，便于实现专业化和自动化生产；对于结构复杂的制品能够一次成型；表面亮度高，无需二次修饰；可进行批量生产，成本低。

模压成型工艺流程：嵌件放置、预热、加料、闭模、排气、保压固化、脱模冷却等，如图2-10所示。

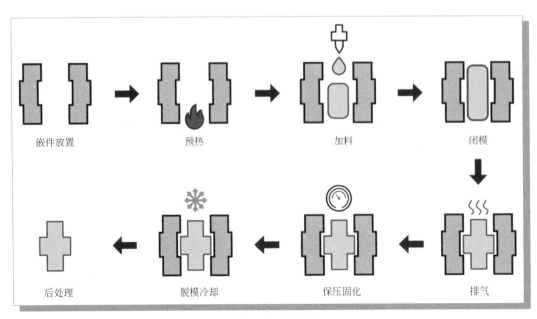

图2-10　模压成型流程

2.1.3 固态直接变换形态

（1）切削工艺

基本原理：切削加工是指用切削工具将坯料或工件上多余的材料层切去，使坯料或工件获得规定几何形状的工艺，如图2-11所示。

图2-11　五轴联动铣削加工

特征：材料只能减少，常用于金属、木材、发泡材料等硬质易加工材料（注：金属切削过程中需要加入金属切削液来冷却和润滑刀具与加工件）。

常用工具如下：

锉刀——顺着锉刀纹理朝一个方向用力。

线锯——锯丝绷到合适程度即可，过紧易断。

雕刻刀：雕刻刀套装中有多种型号对应不同造型的雕刻需求。

（2）热弯工艺

基本原理：通过加热并借助设备施加力，使得固体材料直接变形为弯曲状。可以对木材、玻璃、亚力克等材料进行热弯工艺。

特征：对于已经成型的材料进行二次加工，可以在现场根据实际情况对材料进行处理，工艺相对简单，成本较低。

热弯工艺流程：先通过蒸汽加热使木材软化，然后利用弯曲矩的作用将木材弯曲成曲线形，最后进行干燥定型。如图2-12所示为开放式热弯工艺，是将蒸汽加热后的木板置于模具下，利用双边施加压力，使其和模具紧贴形成弯曲状。如图2-13所示，为闭合式圆形

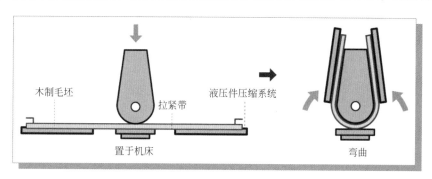

图2-12　开放式热弯工艺

热弯工艺，由单轴滚轮驱动，是将蒸汽加热后的木板和滚轮贴合形成封闭圆环形。

（3）编、织纺织工艺

基本原理：纤维状线材交叉形成面或体，不一定依靠编织手段成型，如图2-14、图2-15所示。

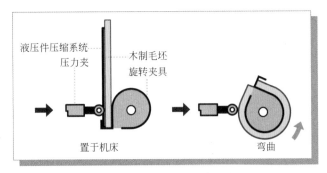

图2-13　闭合式圆形热弯工艺

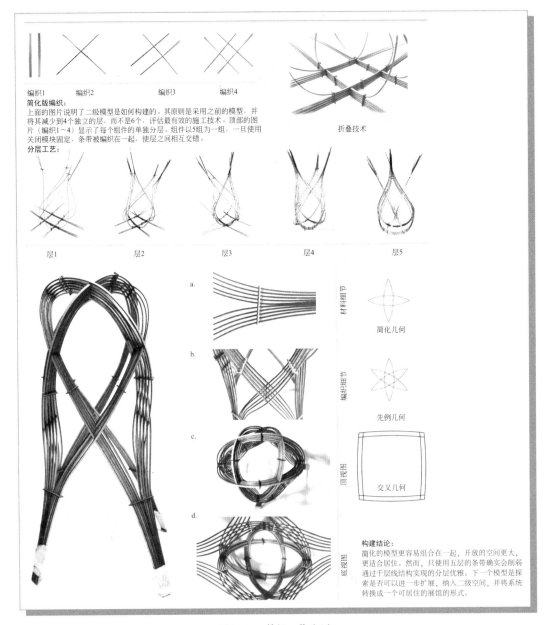

编织1　　编织2　　　　编织3　　　　编织4

折叠技术

简化版编织：

上面的图片说明了二级模型是如何构建的。其原则是采用之前的模型，并将其减少到4个独立的层，而不是6个，评估最有效的施工技术。顶部的图片（编织1~4）显示了每个组件的单独分层。组件以5组为一组，一旦使用关闭模块固定，条带被编织在一起，使层之间相互交错。

分层工艺：

层1　　　　　层2　　　　　层3　　　　　层4　　　　　层5

a.

b.

c.

d.

材料细节

简化几何

编织细节

先例几何

顶视图

交叉几何

底视图

构建结论：

简化的模型更容易组合在一起，开放的空间更大，更适合居住。然而，只使用五层的条带确实会削弱通过千层线结构实现的分层优雅。下一个模型是探索是否可以进一步扩展，纳入二级空间，并将系统转换成一个可居住的展馆的形式。

图2-14　编织工艺（1）

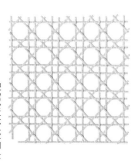

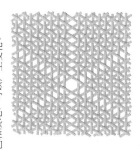
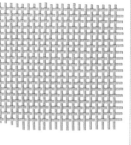

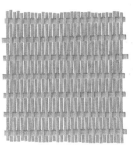

"编织是一种编篮子所用的方法，用来表示至少两组元素的交错，在不同的方向上定向。"

编织技术：

为了重现Japnese Mosters的作品，需要对竹子结构中使用的不同编织技术有一个基本的了解。下面的图片介绍了竹子的各种不同编织方式，以创造不同的审美效果。

席子简单编织： 亦称简单编织，是一种常见的技术。与方形编结不同的是水平的线是水平的线比垂直的线更紧密地分隔，创造了一个水平的表面。通常用于基本的篮子制作中，以达到简单的效果。

方形编织： 简单的编织类型由平衡的水平和垂直元素编织而成，由于材料的刚度，通常会导致开打工作。通常用于篮子的底部或墙壁。通过改变水平或垂直部件的宽度形成变化。

斜纹编织： 对角线方向的技术。其中一个方向的条带以规则的模式漂浮在多个方向的条带上。通过改变它的宽度方向或长度，或者改变它的水平或垂直方向，可以产生色和质地、颜色的变化。

菱形斜纹编织： 菱形花纹通常用在篮子底部的中央。当作为一个更大范围内的重复设计时，称为"花形花纹"。通过改变颜色、宽度和条带的数量，设计上也有同样的变化。

六边形编织： 由六边形单元组成的镂空图案。每个单元是由六个条带单独形成的，也是由麻叶和铁线莲编织等技术的基础。该图案通常构成花形图案变化，有不同的图案变化。

铁线莲编织： 六边形单元的条带的变种，通过将六边形单元的六个条带紧紧地压在一起，创造出一种光芒四射的、几乎是平的并列的排列。

麻叶编织： 三角形图案在基本的六边形编织的每个单元中部加入了三个额外的条带。从中央的六边形单元向六个不同方向编织，形成一个六边形的星形图案。在日本被称为"麻叶"图案。

八角编织： 采取开放式的八角单元工作模式，每个单元由八个条带组成。四个方向形成一个方形图案，四个条带形成一个菱形图案。

图2-15 编织工艺（2）

特征：有网眼；可交叉混合多种材料；形状可人为控制；相比原材料本身，有更好的弯曲性能。

编、纺织工艺中常使用的复合材料：复合材料是人们运用先进的材料制备技术将不同性质的材料组分优化组合而成的新材料。复合材料的基体材料分为金属和非金属两大类。金属基体常用的有铝、镁、铜、钛及其合金。非金属基体主要有合成树脂、橡胶、陶瓷、石墨、碳等。增强材料主要有玻璃纤维、碳纤维（图2-16）、硼纤维、芳纶纤维、碳化硅纤维、石棉纤维、晶须、金属。

图2-16　碳纤维编制座椅（作者：Peter　Donders）

2.2 材料的连接

2.2.1 焊接（熔接）

① 基本原理：焊接通常指金属的焊接，是通过加热、加压或两者同时并用，使两个分离的物体产生原子间结合力而连接成一体的成型方法。但并非仅有金属可以"焊接"，将其他材质加热融化或溶剂溶解后，贴靠在一起，重新凝固而成为整体也是类似的材料连接方法。

② 特征：焊接是一种非常牢固的材料连接方式，生活中的家具、汽车等物品都会用到焊接。

③ 焊接工具如下。

烙铁：烙铁是焊接必备的工具，用于提温以使锡融化。烙铁由一个发热芯、绝缘手柄和烙铁头组成。烙铁经常用于电子装配中的安装、维修和少量的生产工作。大规模的生产线则用其他的焊接方法。大烙铁可以用来焊接金属薄片物体，也可以运用在热塑性塑料的连接上。

锡炉：是一个小小的、有温度控制的炉子或者容器，喇叭口，用于导线上锡和烙铁头上锡。用锡炉来熔锡、浸焊小电路板、导线上锡、烙铁头重上锡等特别管用。锡炉在要求必须有可靠的温度控制的小规模工作中特别有用。

焊锡：焊锡材料是电子行业的生产与维修工作中必不可少的，通常来说，常用的焊锡材料有锡铅合金焊锡、加锑焊锡、加镉焊锡、加银焊锡、加铜焊锡。

④ 焊接工艺流程：工具准备、清洁焊接工作面、对齐焊接面、略施加压力、焊接施工、冷却成型、焊缝修整、强度测试等，如图2-17所示。焊接实景见图2-18。

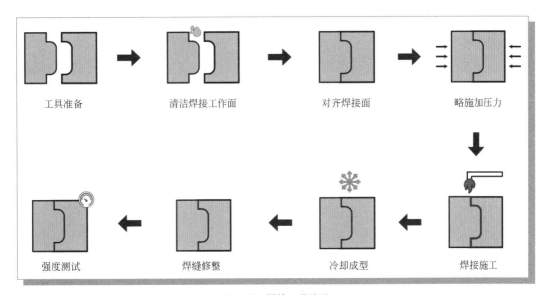

工具准备　　　　清洁焊接工作面　　　　对齐焊接面　　　　略施加压力

强度测试　　　　焊缝修整　　　　冷却成型　　　　焊接施工

图2-17　焊接工艺流程

2.2.2 胶黏剂连接

① 基本原理：胶接是利用胶黏剂在连接面上产生的机械结合力、物理吸附力和化学键合力而使两个胶接件连接起来的工艺方法。胶接不仅适用于同种材料，也适用于异种材料。胶接工艺简便，不需要复杂的工艺设备，胶接操作不必在高温高压下进行，因而胶接件不易产生变形，接头应力分布均匀。在通常情况下，胶接接头具有良好的密封性、电绝缘性和耐腐蚀性。

② 胶的种类选择。

亚克力（PMMA）专用胶（溶解胶）：亚克力塑料胶水是单组分透明溶剂胶，是粘接亚克力的专用胶黏剂。亚克力塑料胶水具有使用方便、定位快速、粘接强度高、固化物无毒等优点。其使用方法为在干燥无油的粘接面单面或双面涂胶，然后马上黏合（不允许晾干后黏合），使其紧密接

图2-18　焊接图

触。5分钟即可定位，2～3小时就有相当强度，24小时后达极高强度。

热熔胶：热熔胶棒为白色不透明固体状，连续使用没有炭化现象，具有黏合快速、强度高、耐老化、无毒害、热稳定性好、胶膜韧性强、操作方便等特点。热熔胶往往配合热熔胶枪使用，需要根据所黏合材料的种类选择热熔胶棒的种类，常见的有织物用、书刊装订用、家具用几个种类。

白乳胶：白乳胶是目前用途最广、用量最大的黏合剂品种之一。它是以水为分散介质进行乳液聚合得到的，是一种水性环保胶，可广泛用于粘接纸制品（墙纸），也可作防水涂料和木材的胶黏剂。其对木材、纸张和织物有很好的黏着力，胶接强度高，固化后的胶层无色透明、韧性好，不污染被粘接物，往往用于家具的黏合，配合基体材料的穿插使用。

AB胶：AB胶是两液混合硬化胶的别称，由本胶和硬化剂两种液体组成，两液相混才能硬化，不依靠温度条件来硬化熟成，是常温硬化胶的一种。AB胶可以粘接金属、塑料、玻璃、陶瓷等。常用的AB胶分为快干和慢干两种类型，快干型主要用于黏合，慢干型往往用于透明物体的制作。

502胶水：其优点为固化速度快、使用方便、粘接力强、粘接材料广泛。但固化后脆性大，不耐冲击振动；对于PP、PE难以粘接；耐老化性能差，耐温性能差；容易出现"白化"现象，影响外观；可靠性不高，只能用于工艺品、小型零件的粘接定位。

2.2.3 金属件、木材榫卯等连接

（1）金属件连接

① 不可拆固定连接。连接的目的是将被连接部件形成一个功能整体，拆卸将破坏连接

部件或连接件。金属件中常用的为铆钉。

铆钉分为凸头铆钉和沉头铆钉，沉头铆钉可达到无痕的效果，凸头铆钉与其他材质结合可达到非常好的设计效果。

② 可拆固定连接。连接的目的是将被连接部件按设计位置固定、组合在一起，拆卸的主要目的是方便维护、维修或保管储存。常见的形式包括螺纹连接、销连接、键连接等。

a. 螺纹连接。

螺栓：由头部和螺杆（带有外螺纹的圆柱体）两部分组成的一类紧固件，需与螺母配合，用于紧固连接两个带有通孔的零件。这种连接形式称为螺纹连接，如图2-19所示。如把螺母从螺栓上旋下，又可以使这两个零件分开，故螺纹连接属于可拆卸连接。

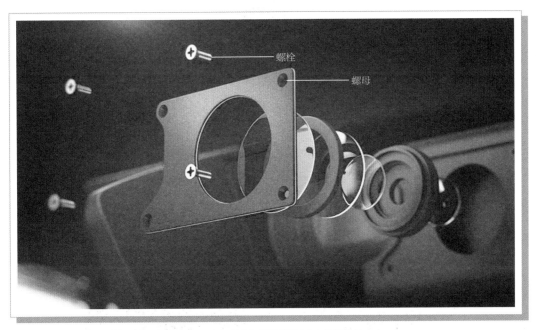

图2-19　4K高清投影仪爆炸图（螺纹连接）

螺母：带有内螺纹孔，形状一般呈现为扁六角柱形，也有呈扁方柱形或扁圆柱形的，常配合螺栓、螺柱或螺钉来紧固连接两个零件，使之成为一个整体。

b. 销连接。销是标准件，可作为定位零件，用以确定零件间的相互位置；也可起连接作用，以传递横向力或转矩；或作为安全装置中的过载切断零件。销可以分为圆柱销、圆锥销和异形销等。销连接见图2-20。

c. 键连接。键连接是通过键实现轴和轴上零件间的轴向固定，以传递运动和转矩。键连接中，有些类型可以实现轴向固定和传递轴向力，有些类型还能实现轴向动连接。键连接见图2-21。

（2）榫卯连接

① 概要。榫卯是一种中国传统建筑、家具及其他器械的主要结构方式，是在两个构件上采用凹凸部位相结合的一种连接方式；凸出部分叫榫（或叫榫头），凹进部分叫卯（或叫榫眼、榫槽）。其特点是在物件上不使用钉子，利用卯榫加固物件。

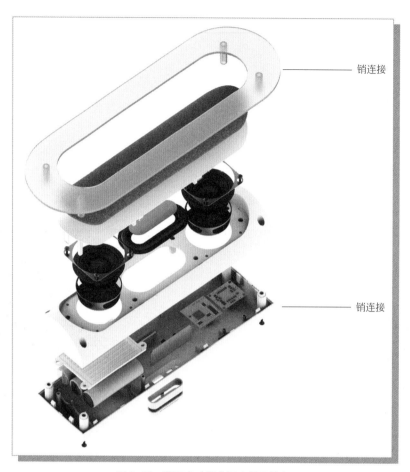

销连接

销连接

图2-20 蓝牙音响爆炸图（销连接）

键连接

图2-21 车轮毂爆炸图（键连接）

② 分类。

　　a. 可以是面与面的接合，也可以是两条边的拼合，还可以是面与边的交接构合。如槽口榫、企口榫、燕尾榫（图2-22）、穿带榫、扎榫等。

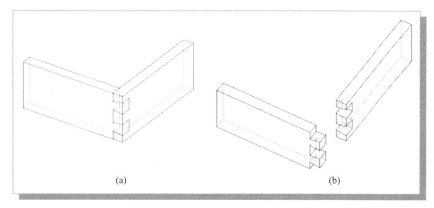

图2-22　燕尾榫

　　b. 点与点的接合。主要是指材料在交叉的点上靠相互的作用力进行接合主要用于作横竖材的丁字接合、成角接合、交叉接合以及直材和弧形材的伸延接合。如格肩榫（图2-23）、双榫、双夹榫、勾挂榫、锲钉榫、半榫、通榫等。

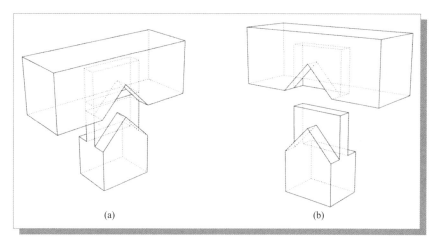

图2-23　格肩榫

　　c. 还有一类是将三个构件组合在一起并相互连接的构造方法，这种方法除运用以上的一些榫卯联合结构外，都是一些更为复杂和特殊的做法。如常见的有托角榫、长短榫、抱肩榫、棕角榫（图2-24）等。

2.3　材料的表面处理

　　表面处理是在基体材料表面上人工形成一层与基体的机械、物理和化学性能不同的表层的工艺方法。表面处理的目的是满足产品的耐蚀性、

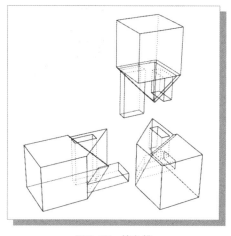

图2-24　棕角榫

耐磨性、装饰或其他特种功能要求。对于金属铸件，我们比较常用的表面处理方法是机械打磨、化学处理、表面热处理、喷涂表面。表面处理就是对工件表面进行清洁、清扫、去毛刺、去油污、去氧化皮等。

2.3.1　热处理（表面改性）

表面改性就是在保持材料或制品原性能的前提下，赋予其表面新的性能，如亲水性、生物相容性、抗静电性能、染色性能等。

2.3.2　镀层

① 电镀：电镀就是利用电解原理在某些金属表面镀上一薄层其他金属或合金的过程，是利用电解作用使金属或其他材料制件的表面附着一层金属膜的工艺，从而防止金属氧化。

为什么铝不适合电镀？铝的化学性质比较活泼，如果电镀，在酸性电解液中，阴极上的铝离子在获得电子还原的同时，就生成铝盐和氢气；如果是碱性电解液，就生成氢氧化铝和氢气。因此，铝不能够用电镀的方式得到镀层。如图2-25所示，运用到蓝牙音箱上的铝没有使用电镀，而是运用了阳极氧化的工艺。

项目	电镀	阳极氧化
处理方法	电镀是将待电镀材料作为阴极，与镀层金属相同的金属材料作为阳极（亦有采用不溶性阳极），电解液为含有镀层金属离子的溶液	利用化学或电化学处理使金属表面生成阳极氧化膜。合金零件作为阳极，电解液为阴极，在电压、电流等条件下，使合金零件表面形成保护膜层
处理对象	主要是金属，也可以是非金属。最常使用的电镀镀层金属为镍、铬、锡、铜、银及金等，也就是经常说的镀镍、镀铬、镀金等	是金属表面处理的方法，大多数金属材料（如不锈钢、锌合金、铝合金、镁合金、铜合金、钛合金）都可以在适宜的电解液中进行阳极氧化处理
处理原理	由于电荷效应，金属阳极离子向阴极移动，并在阴极得到电子而沉积在待镀材料上。同时阳极的金属溶解，不断补充电解液中的金属离子	利用铝合金易氧化之特性，借电化学方法控制氧化层之生成，以防止铝材进一步氧化，同时增加表面的机械性
应用	 车中网（电镀漆）	 蓝牙音响（阳极氧化铝）

图2-25　电镀与阳极氧化对比

② 化学镀：化学镀也是在无外加电流的情况下借助合适的还原剂，使镀液中的金属离子还原成金属，并沉积到零件表面的一种镀覆方法。

以镀铬为例，铬层硬度高、耐磨、耐蚀，并能长期保持表面光亮，且工艺相对比较简单，成本较低，用于水龙头有耐腐蚀、不生锈的优势，如图2-26所示。

③ 热浸镀：所谓热浸镀就是将一种基体金属浸在熔融状态的另一种低熔点金属中，在其表面形成一层金属保护膜的方法。如图2-27所示为热浸镀后挂在金属杆上冷却的片状材料。

图2-26　电镀工艺的面盆龙头

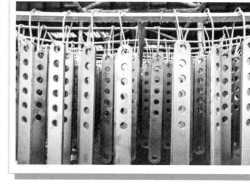

图2-27　热浸镀

④ 上釉：在烧制陶、瓷器时，首先烧制毛坯，毛坯烧好后取出上釉，然后再烧。陶瓷上釉见图2-28。

(a) 浸釉　　　　　　　　　　　　　　　(b) 笔刷上釉

图2-28　陶瓷上釉

2.3.3　涂装工艺

涂装工艺的基本要素是选择适当的涂料和施工方法以及如何组织来实现这样一个工业过程。涂装作为通用的技术，国家制定和颁布了大量的标准，既提出技术要求，又便于规范地管理。设计涂装工艺的依据是涂层的性能要求和质量，汽车、轻工产品、建筑、电器、飞机、船舶等都有统一的涂装技术要求。

（1）船舶涂装

新造船舶时，钢材的表面处理方法有抛丸（喷砂）和酸洗，以水平抛丸应用最为普遍。抛丸分段涂装工艺流程如下：钢材抛丸流水线预处理→涂装车间上底漆→钢材落料、加工、装配→分段预涂装→分段二次除锈→分段涂装→船台合拢、涂装→船台二次除锈→二次涂装→船舶下水→码头二次除锈、涂装→交船前在坞内涂装（其中，涂装是船体的主体结构完成后，安装锚、桅杆、电路等设备和装置的一道工序）。从中可看出涂装作业贯穿了造船的全过程，须重视涂装作业的质量。

（2）木质家具涂装

在木材表面涂饰涂料之前，要使木材表面经过处理达到平整、干净的状态，并且应做好木材底色处理。在此基础上，涂饰涂料才会得到理想的漆膜。木材表面的状态不仅影响漆膜外观，而且影响到漆膜的牢固性、耐久性，涂料干燥的快慢及涂料消耗的多少。家具涂装见图2-29。

（3）塑料涂装

用塑料来代替钢铁和木材，目前得到了广泛应用。在我国塑料大多用于家用电器，也有用于汽车、摩托车等交通工具的。塑料涂装涂料从溶剂型发展到了水性。最早人们在使用塑料回收料和成型有缺陷的情况下用涂料进行装饰，现在是为了改善产品质感，赋予其新的性能。塑料涂装见图2-30。

图2-29　采用环保水性漆涂装的家具

图2-30　儿童厨房玩具表面的涂装

2.4　材料的数字化新型工艺

2.4.1　激光雕刻

（1）概述

激光雕刻加工以数控技术为基础，激光为加工媒介，加工材料在激光照射下发生瞬间的熔化和汽化的物理变性。比如激光镌刻就是运用激光技术在物件上面刻写文字，这种技术刻出来的字没有刻痕，物体表面依然光滑，字迹亦不会磨损。

（2）制图要求

可以采用CAD软件来绘制激光雕刻的图案，犀牛软件绘制的曲线可能出现错误。一般雕刻线分为三个图层：需要雕刻透的内部线条图层、需要雕刻透的外部线条图层、不需要雕刻透的图层。外部线条图层需要生成断点，避免零件丢失。另外，还需要根据版面尺寸来排布零件。零件边缘可以共线，重复的边缘需要删去多余的线条。

（3）设计应用+文字

往往用于精确的平面零件的制作，常用的雕刻材料包括卡纸、木板、亚克力。其应用有激光雕刻3D木质立体拼图（图2-31）、激光雕刻皮革腰带（图2-32）。

图2-31　激光雕刻3D立体拼图

2.4.2　数控机床加工工艺

（1）概述

数控机床加工工艺（CNC）是按照事先编制好的加工程序，自动地对被加工零件进行加工，如图2-33所示。通常先将零件的加

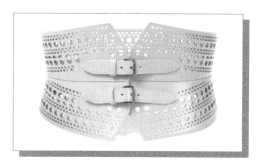

图2-32　激光雕刻皮革腰带

图2-33　数控机床加工工艺

工工艺路线、工艺参数、设备刀具的运动轨迹、位移量、切削参数以及辅助功能等按照数控机床规定的指令代码及程序格式编写成加工程序单，然后"指挥"机床加工零件。

以前CNC往往用于小批量金属类模型的制作，现在CNC逐步取代过去的产品设计采用以油泥为原料的产品模型制作，大大提升了产品开发的效率。

（2）应用

过去所有用到模具的产品都会设计拔模斜度，这是为了让成型品可以顺利顶出脱离模具。大部分时候拔模斜度对产品造型的影响并不是很大，但一些非常精确的电子设备（手机、电脑等）则要求很高，会规避掉液态转换固态的工艺，而采用更高精度的CNC工艺等。

2.4.3　3D打印

3D打印是通过数字化精准控制原料逐层烧结/凝固从而得到成型产品的方法。其主要原理是点的精准堆叠，因而可以采用3D打印形式来生产的材料有很多种。除了最常见的塑料3D打印、金属3D打印外，现在还有新兴的食品材料3D打印、生物3D打印等。

（1）喷头加热融化（固态—液态—固态）

先加热融化耗材，然后输送至喷头，喷头根据指令运动，逐层打印。这种方式精度相对较低，打印件上有明显的层纹，但价格便宜，是多数大学采购的机器。

（2）光固化（液态—固态）

光固化3D打印所用的耗材为液体（经过光照可固化的材料），是通过数控光线的逐层照射来进行产品的生产，常常用于透明件的制作。此种方法工艺较为复杂，在完成打印后零件需要经过冲洗、再固化（紫外照射）才能够成型，但精度相对较高。同时，因为无法避免有机液体散发出气味，可能会影响使用者的身体健康。

（3）常温挤出（半固态—固态）

常温挤出多用于一些新型材料的尝试，如食物类（面糊、糖浆等）。它的原理十分简单，通过压力将料管中的原料压出数控喷头，在常温下原料中的液体挥发凝结为固体。因而同学们可以通过此种方式拓展3D打印材料的可能性，进行创新性的材料设计实验。

3D打印食物见图2-34。

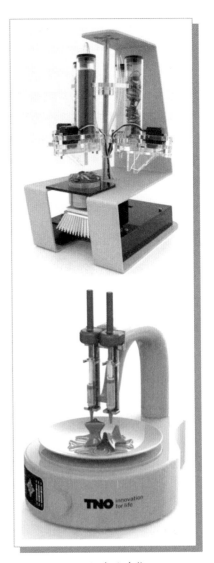

图2-34　3D打印食物

2.4.4　参数化设计

　　参数化设计是借助软件生成随机的参数或根据设定的算法生成规律性参数，从而得到有规律的多重曲面。在科技发达的今天，参数化设计已经很普遍了，各种材料结合参数化的手段制造出了很多结构复杂的曲面造型的产品，功能和审美都得到了很大提升。如图2-35所示为参数化软件建模效果。

　　参数化设计应用在建筑领域如图2-36、图2-37所示。

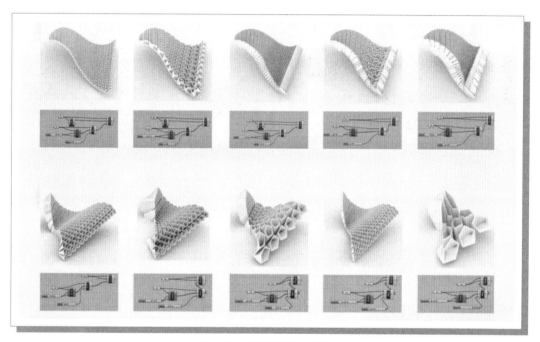

图2-35　参数化软件建模效果

图2-36　建筑中的参数化设计（1）

图2-37　建筑中的参数化设计（2）

参数化设计应用在产品领域如图2-38、图2-39所示。

图2-38　参数化蓝牙音响

图2-39　参数化编织运动鞋

探索并认知
材料的基本性能

3.1 时间元素

时间在实验过程中是非常重要的因素之一，在这个过程中，物质在变化，如果在变化过程中再加入变量，结果将会有所不同。

3.1.1 根据时长反映差异

时间孕育万物，材料也有生命，有的会在时间中生长从无到有，有的会被时间腐蚀却又重获新生。在本小节中，材料的制成或变化需要经过较长的时间，不同时间阶段下的材料会有不同。

（1）盐板（盐结晶实验）【作者：Henna　Burney、Karlijn　Sibbel】

盐板是一种对盐的结晶生长进行设计的材料。使用定制的金属网框，将其淹没在盐沼的水下，经过大约两周时间的自然结晶后，就可以获得一块盐晶体覆盖的面板（图3-1）。此过程无需额外的能量来源，这些面板可以说是由太阳和风创造的。

图3-1　盐板的生产、加工过程

盐板可以用于室内装饰面，阻燃且防霉抗菌。除了自然结晶外，通过压缩和加热工艺，盐块将具有大理石般的质地和很好的强度，可以作为承重结构部位的材料。盐板的应用见图3-2。

（2）铜（氧化实验）

在自然气候条件下，铜会被氧化形成致密的氧化亚铜保护层；受大气中碳、硫类酸性氧化物的影响，会形成蓝绿色碱式碳酸铜、碱式硫酸铜。

铜的氧化腐蚀过程会经历浅玫瑰红、紫红、红绿、棕色、蓝绿色几个阶段的变化，整个过程大约持续十几二十年，然后稳定下来。铜的氧化保护层被破坏后会很快重新形成，这使其具有非常优秀的抗腐蚀性能。

纯铜自然氧化的阶段见图3-3，其颜色变化见图3-4。

自然氧化的结果具有随机性且时间较长。除了自然氧化外，也可以通过人工手段对铜进行氧化处理，快速得到需要的效果。红铜、绿铜的应用见图3-5、图3-6。

图3-2　盐板使用在建筑墙面

(a) 第一阶段：红铜（氧化物层的形成）

(b) 第二阶段：褐铜（棕色的氧化层）

(c) 第三阶段：绿铜（经色的氧化层）

图3-3　纯铜自然氧化的阶段

图3-4 纯铜自然氧化过程颜色变化

图3-5 红铜的应用——特里西维斯的新服务中心（建筑师：Volker Staab）

图3-6 绿铜的应用——国际生命中心（建筑师：Terry Farrell）

（3）菌丝家具【作者：李明亮、洪丽娟】

随着时间流逝，真菌会逐渐生长成韧性十足的菌丝体。在产品的整个生产过程中，只有在灭菌环节需要高温高压，之后便无需其他能量消耗，只需合适的温度条件，真菌便能自己完成产品的生长，最后进行自然烘干即可，大幅度降低了生产成本，减少了能源消耗。通过设计团队在灭杂菌与提高真菌自然生长速度方面的创新，系列产品的生产周期仅需一个月，相比木材等材料的生长周期要短许多。菌丝的培养见图3-7，菌丝家具见图3-8。

图3-7 菌丝的培养

图3-8 菌丝加工的家具产品

3.1.2 根据湿度反映差异

本小节将着重介绍时间流逝下材料湿度的变化以及其带来的不同特性。

（1）宣纸（持续润墨实验）【作者：邓雨欣、卢月潇、周润珂】

润墨指润泽的墨色从点画中微微漫润晕化开来。

实验内容：从上方润墨，让宣纸一直保持湿润，使墨水在宣纸上呈现动态发散效果。

实验目的：研究湿润环境对宣纸润墨的影响。

实验用具：宣纸、加湿器、墨水、笔。

实验步骤：

① 准备一圆锥形宣纸，采用棉线缝合，折边角加固形状；将宣纸悬挂于加湿器下，调整到正中位置。

② 打开加湿器，将宣纸逐渐润湿。

③ 在宣纸顶端有一定湿度后，从正上方滴入一滴墨水，在接下来的时间里，记录墨水晕开的变化。

不同时间墨水晕染的变化见图3-9。

实验结论：

① 宣纸在6个半小时后，90%被浸湿，无法再保持圆锥形状——需要外骨骼支撑；

② 在已知扩散漫延水分的宣纸上，墨水不会停留在最初的位置，它会跟随水的扩散方向移动并扩散；

③ 但是墨水在半小时的位置处留下一圈痕迹，因为半小时后，水的扩散开始减慢，墨水在此处停留了最长的时间；

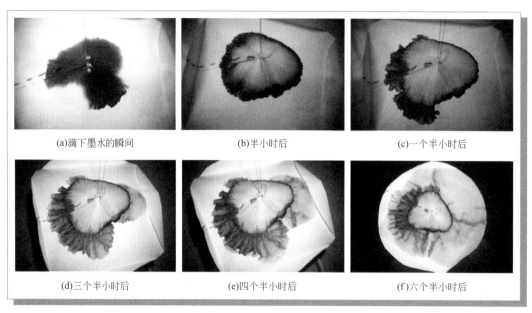

| (a)滴下墨水的瞬间 | (b)半小时后 | (c)一个半小时后 |
| (d)三个半小时后 | (e)四个半小时后 | (f)六个半小时后 |

图3-9 不同时间墨水晕染的变化

④ 半小时后,墨水虽然继续跟着水扩散的形态漫延,但是浓度逐渐减小,直至不可见。

（2）明胶片（水分蒸发实验）

明胶由煮过的动物骨头、皮肤和筋腱等制作而成,是胶原部分水解后的产物,呈无色至淡黄色透明或半透明的片状、块状,可以用于照相、食品、医药等领域。

实验内容:制作多个明胶试片,将平整的明胶片放置在平面上,分别对其进行静置、吹风等处理,观察不同情况下湿度变化对明胶片产生的影响。

图3-10为不同时间明胶片的变化。

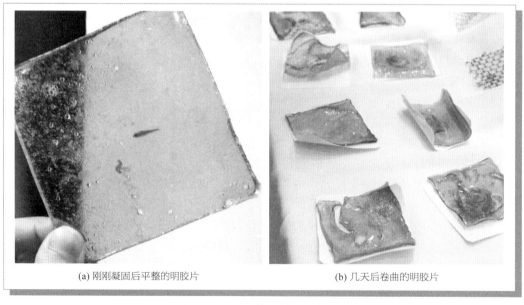

(a) 刚刚凝固后平整的明胶片   (b) 几天后卷曲的明胶片

图3-10 不同时间明胶片的变化

实验结论：

① 明胶凝固成型后仍含有大量水分，随着时间的推移，水分蒸发，平整的明胶片会慢慢卷曲收缩。

② 蒸发过程中，由于温度、湿度、与空气接触的表面积、表面空气流动的速度等原因，明胶片收缩的速度、形态会有所不同。

③ 缓慢蒸发时，试片形变较小；快速蒸发（如风速较大、温度较高）时，试片表面与空气接触面较大，收缩较快，而内部收缩较慢，内外收缩不均衡，导致形变较大。

经验小结：

① 若要维持试片的稳定形态，应在温和环境（无风，温度、湿度较低）下静置风干；

② 也可用吹风机的冷风缓慢吹干，以加速成型；

③ 水分含量越低，硬度越大；

④ 如需维持某一状态稳定，应隔绝空气，可以进行封膜处理；

⑤ 不染色明胶会氧化变黄。

3.1.3 根据温度反映差异

通过温度变化对材料进行处理是常用的材料加工手段。本小节将以钧瓷（窑变）为例着重介绍时间流逝下温度对材料的影响。

入窑一色，出窑万彩。窑变是指瓷器烧制过程中表面的釉料受温度等因素影响，在高温氧化还原作用下使釉色五彩绚丽的过程。

钧瓷的釉烧过程一般分为四个阶段，最高温度一般在1280～1300℃，下面以气烧窑为例进行说明。

第一阶段：氧化期（窑温在950℃）。用时一般在2～3个小时。

第二阶段：还原期（950～l250℃）。用时一般在8～9个小时。

第三阶段：弱还原期（1250℃）。用时一般在2个小时左右。

第四阶段：冷却期（烧成温度降至200℃）。用时2个小时。

综上所述，气烧窑从点火、烧成到开窑，总共约为15个小时。此外，柴烧和煤烧由于升温过程和匣钵降温过程时间相对较长，所需总时间为20多个小时。

上釉如图3-11所示，气烧窑如图3-12所示。窑变后的不同釉料见图3-13。

图3-11　上釉

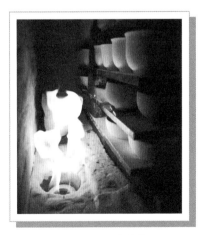

图3-12　气烧窑

图3-13　窑变后的不同釉料

3.2　空间元素

3.2.1　平面构成

本小节主要按照美的视觉效果、力学原理,将材料看作视觉元素,对材料进行有目的的处理并获得不同形态,探索与研究材料在二次元的平面上的编排与组合。

（1）丝瓜络（切割与固化实验）【作者：张若涵、潘岁、陈娉婷】

丝瓜络：丝瓜络为葫芦科植物丝瓜或粤丝瓜的成熟果实的维管束。

实验目的：探索不同切割与固化方式对丝瓜络形态与强度的影响。

实验内容：对不同丝瓜络进行切割,对比其形态、软硬、纹理、结构等方面,如图3-14、图3-15所示。

实验结论：

① 图3-14、图3-15从左至右依次为：

10cm天然硬质丝瓜：颜色较浅,质地坚硬,不易形变,形状规整,纵向切片较容易；

10cm天然软质压扁丝瓜：网状缝隙较大,质地松软,易拉扯形变,较难切断；

15～20cm成熟丝瓜：颜色较深,网状结构小而密,形状较为规整,切割容易；

20～29cm成熟丝瓜：空洞较大,脉络清晰,较难切割；

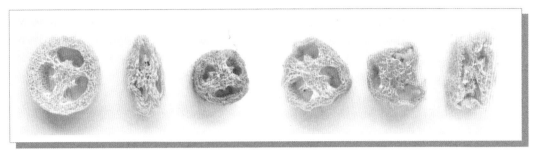

图3-14 横向切割

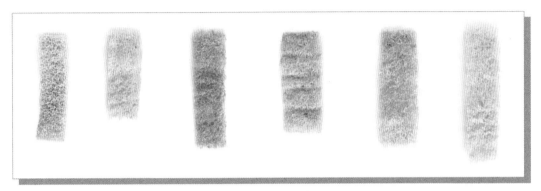

图3-15 纵向切割

30～39cm成熟丝瓜：空洞大而疏松，形状不规整，质地松软，易发生形变；

40～49cm成熟丝瓜：脉络错综复杂，空洞大，极易发生形变。

② 随着长度的增长，纹理空隙变大，脉络变清晰。

③ 硬质相比软质脉络结构更加稳固，纹理更加规整。

（2）滴胶（平面纹样实验）【作者：尹馨、吕行、彭凡】

实验目的：以敦煌壁画配色纹样为参考，探索滴胶可以产生的二维纹样效果。

实验步骤：

① 调配滴胶；

② 制作完成之后将其风干固化；

③ 打磨。

滴胶如图3-16所示。滴胶与石膏湿混合见图3-17。滴胶组合展示如图3-18所示。

（3）再生塑料（编织与拼贴实验）【作者：Jessica de Hartog】

图3-16 滴胶

图3-17 滴胶与石膏湿混合

图3-18　滴胶组合展示

　　艺术家Jessica按类型和颜色小规模回收和处理了废弃塑料，并且通过编织与拼贴展示了塑料的价值和美丽，如图3-19、图3-20所示。

图3-19　再生塑料展示

3.2.2　立体构成

　　本小节主要是对材料立体成型方式、连接方式等空间层面的探索与研究。

　　（1）杜邦纸（陨石灯具）【作者：司玮、陶璐、张学森】

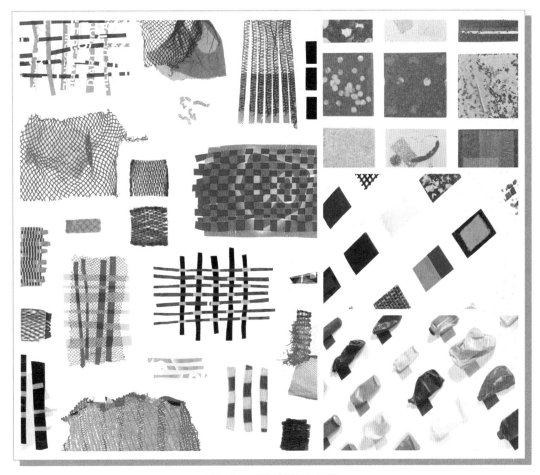

图3-20　再生塑料展示图样

制作过程：

① 确定好形状后，折叠出不同灯具造型作为"星球"；

② 选择一些球体形状进行火烤，并且使用了不同厚度的杜邦纸进行尝试，最终找到比较合适的材料；

③ 选择一些小型的"星球"，将之埋在月球表面底座上，作为一些燃烧的小陨石以及小火山，如图3-21所示。

（2）竹（编织实验与弯曲实验）

① 编织工艺【作者：Hamish MacPherson】。从材料处理、编织手法等方面进行可行性实验，探索竹材编织的全过程。

处理过程：

a. 对半分开：用刀片顺着横向纤维将竹子分成两半；

b. 对半组合：分成两半时，竹子仍然没有足够的灵活程度来弯曲成想要的形状；

c. 四等分：重复第一步，将竹子四等分；

d. 组合：四等分后厚度约8mm，竹子有足够的灵活程度创造出想要的形式，同时能够保持推力来得到最终形状；

图3-21 杜邦纸在空间中的塑型展示

e. 修整：最后将每条竹片的厚度都修剪到几乎相同。

竹子的处理技巧如图3-22所示。

组件的曲率给予了篮子形状。最初的曲率来自一个正圆，U形由此推出。这个设计的细节和复杂之处在于每个组件的分层堆叠，6层组件的组合产生了厚度，形成了最终结构。曲率的结构如图3-23所示，编织过程如图3-24所示，竹编织实物见图3-25。

② 圆竹筒的弯曲工艺。圆竹筒的弯曲工艺通常有加热弯曲以及开槽弯曲两种，其中

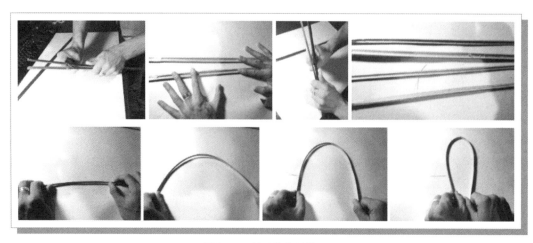

图3-22 竹子的处理技巧

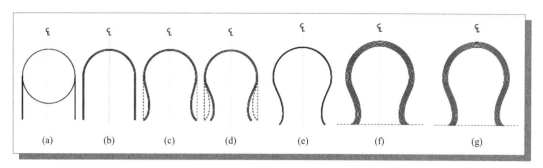

图 3-23 曲率的结构

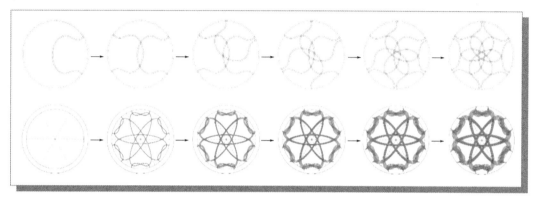

图 3-24 编织过程

加热弯曲最为常用。在加热弯曲过程中,竹材天然的材质纹理等都不易被破坏,强度也不太会被改变。其主要做法为将竹筒较直,在需要弯折的部位施以一定的温度并缓慢弯折,之后用冷水冷却定型,在工业生产中常表现为高温蒸汽热弯的形式。竹筒弯曲工艺实物如图 3-26 所示。

③ 竹条和竹片的弯曲工艺。竹条主要指经过顺纹纵向加工后,形成固定规格的长竹片

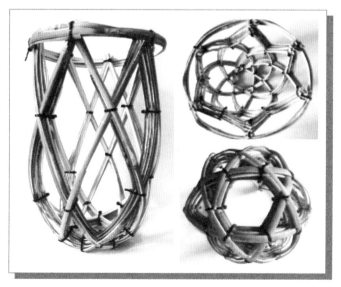

图 3-25 竹编织实物

图 3-26 竹筒弯曲工艺实物

材；而竹片是经过切削后，带有竹青和竹黄的长窄片材。竹条和竹片的弯曲工艺有整体加压弯曲以及弯曲集成两种方式。第一种是将竹条成捆用模具加压弯曲，再将弯曲后的竹条配合连接件制作成弯曲家具模块；第二种则是在竹条弯曲的基础上再进行拼接组合成小曲率、结构简单的弯曲部件。竹片弯曲工艺实物见图3-27。

④ 竹篾的弯曲工艺。竹篾是竹片经过二次加工纵向剖切而形成的更薄的片材单元，由于单元体积比较小，所以在弯曲时常用其自然力学形式弯曲成材固定，或加热弯折。竹篾弯曲工艺实物见图3-28。

⑤ 竹集成材的弯曲工艺。竹集成材的弯曲则比较受限，由于加工、拼接后的竹集成材稳定性和强度都比原竹材略低，故竹集成材弯曲加工常用于曲率比较小的部件，并且边角余料相对较多，所以在实际应用中比较少。竹集成材弯曲工艺实物见图3-29。

（3）木板（拼插实验）

木板的拼插是一种模块化结构方式。模块化有狭义和广义之分，狭义模块化是指产品生产和工艺设计的模块化，而广义模块化是指将一系统，包括产品、生产组织和过程等，进行模块分解与模块集中的动态整合过程。无论是小型的木材产品，还是大型的木建筑结构，都有涉及模块化结构的。模块化结构很重要的一项就是插接方式，它决定着产品的稳固性。如图3-30所示，这个模块木结构骨架通过一些模块在压力下，另一些模块在张力下，以便在面板之间传递相互作用力，使产品结构得以稳固。图3-31为模块化木材装置的制作效果。该模块是由21mm厚的三层交向层压面板经过数控机床切割，最后拼插而成。

隈研吾与艺术家Geoff Nees合作，在2020年的NGV三年展上创造了一个"立体拼图"般的木质临时结构——植物馆，如图3-32所示。该植物馆无任何金属支撑，按照日式木质建筑传统制成，其像拼图一般的立体结构，亦是隈研吾常会采用的有机形状。

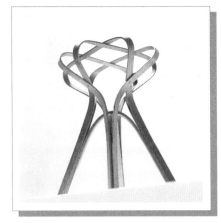

图3-27　竹片弯曲工艺实物

图3-28　竹篾弯曲工艺实物

图3-29　竹集成材料弯曲工艺实物

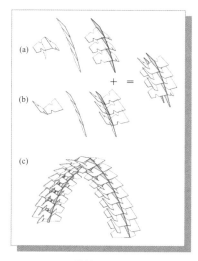

图 3-30　模块化木结构设计图　　　　　　　　　　　图 3-31　模块化木结构装置

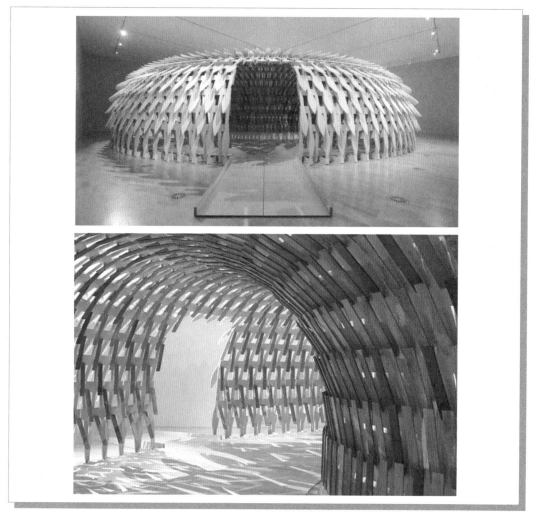

图 3-32　植物馆外部与内部

"我认为有机和弯曲的形态更有助于将建筑和自然界连接及融合。""另一方面，我的许多装置都采取将较小元素组装在一起，形成较大结构的方式。"限研吾接受采访时表示。

（4）丝瓜络（立体成型实验）【作者：张若涵、潘岁、陈娉婷】

探索一种材料的成型需要大量实验，可以参考其他作品的结构并将其运用到自己研究的材料上，探索同一结构下不同材料产生的不同效果；也可以参考其他作品的外观，思考自己的材料可以采用什么结构与连接方式实现类似的效果。丝瓜络成型实验如图3-33、图3-34所示。

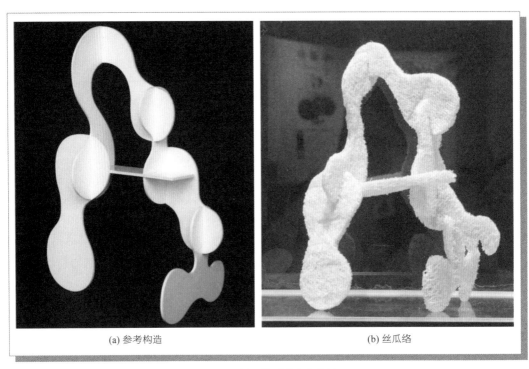

(a) 参考构造　　　　　　　　　　　　　(b) 丝瓜络

图3-33　丝瓜络成型实验（1）

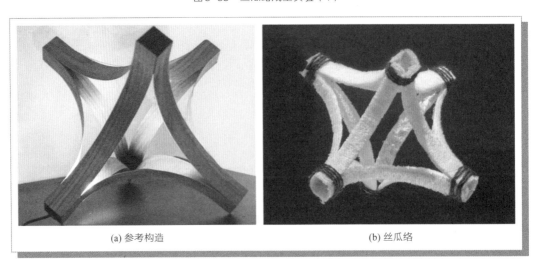

(a) 参考构造　　　　　　　　　　　　　(b) 丝瓜络

图3-34　丝瓜络成型实验（2）

3.2.3　多维空间构成

本小节主要是在平面与立体构成的基础上增加光影空间与虚实空间的维度对材料进行多维探索。

（1）丝瓜络（透光性实验）【作者：张若涵、潘岁、陈娉婷】

实验目的：探索不同特质丝瓜络的透光效果，如图3-35所示。

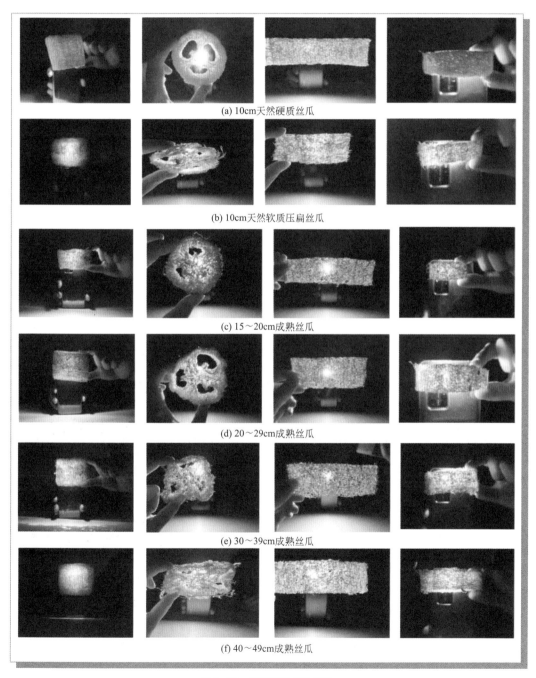

(a) 10cm天然硬质丝瓜

(b) 10cm天然软质压扁丝瓜

(c) 15～20cm成熟丝瓜

(d) 20～29cm成熟丝瓜

(e) 30～39cm成熟丝瓜

(f) 40～49cm成熟丝瓜

图3-35　丝瓜络透光性实验

实验结果：网状疏松的丝瓜络光线较为集中，网状均匀的丝瓜络光线分布均匀，质地坚硬的丝瓜络段面光线较暗，光穿过率较小，片状散光更加均匀。

（2）光纤（亮度变化对比）【作者：尹琪、孙飞雪、安柏乐】

光纤又称光导纤维，是一种由玻璃或塑料制成的纤维，可作为光传导工具。其传输原理是"光的全反射"。

实验目的：研究光纤材料的长短、粗细，光纤与参照物的距离等因素对光纤光效的具体影响。

实验材料：直径3mm和0.75mm的光纤、剪刀、白背景、光线照明灯、相机。

实验结果（图3-36、图3-37）如下：

① 光纤半径越小，通电后的光效越不明显。

② 光纤越短，光效越好；光纤越长，光效越差。

③ 光纤越短，光效随光纤到参照物距离的变长而变得越明显；光纤越长，这种变化越和缓。

（3）米兰灯饰展设计【作者：Lasvit】

捷克共和国的老字号玻璃企业亮思公司（Lasvit）在米兰灯饰展（Euroluce）的白色展示空间中，使用半透明黄色细绳设置了几何形间隔，如图3-38所示。

（4）光之画【作者：Stephen Knapp】

光之画（Light Paintings）是艺术家Stephen Knapp制作的艺术装置。他使用了一种有金

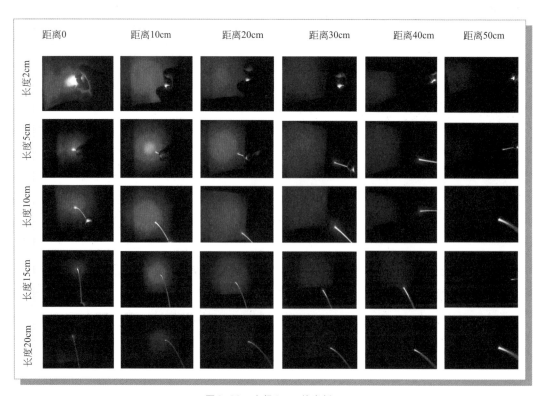

图3-36 直径3mm的光纤

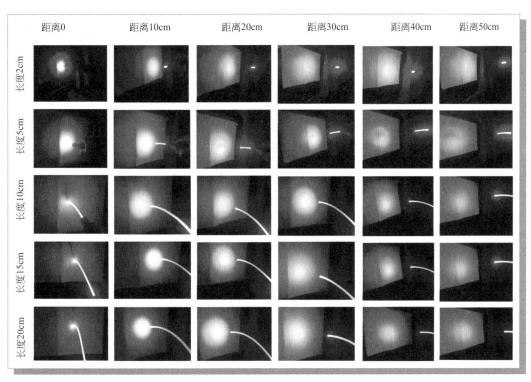

图3-37　直径0.75mm的光纤

图3-38　展示空间中的线与光影的结合

属涂层的玻璃，在对其进行切割、塑造和抛光后，用它来折射和反射光线到表面和周围的空间，如图3-39所示。光之画作品见图3-40、图3-41。

图3-39 光之画制作

图3-40 光之画作品（1）

图3-41 光之画作品（2）

　　"在我的'光之画'里，我把白色光分成纯粹的颜色，然后用'颜料'给它着色，每一个作品都有一种远远超出它的物理体积的存在感。一下子，这些作品既是物理实体也是一种幻觉。"Stephen Knapp说。

3.3　内部动能

在材料实验中，内部动能指材料内部产生的变化，如不同材料混合后产生的化学反应。

（1）玉米苞叶纤维（酶的反应等）【作者：麻云起、于笑雨、夏晨程、崔娴钰】

玉米苞叶在编织业广泛应用，主要产品有提篮、地毯、床垫、坐垫、门帘及其他装饰品。果胶酶是指分解植物主要成分——果胶质的酶类。果胶酶可以处理破碎果实，能加速果汁过滤，促进澄清等。酵母是一种单细胞真菌，能将糖发酵成酒精和二氧化碳，是一种天然发酵剂。

实验目的：探索加入不同材料后对玉米苞叶纤维特性的影响。

实验步骤：使用双氧水备置玉米苞叶浆糊并制成试片，然后分别向试片中加入果胶酶、酵母、芦苇叶浆糊、环氧树脂、硅胶等材料，成型后对其进行外观观察与强度测试。

实验结果（图3-42）如下：

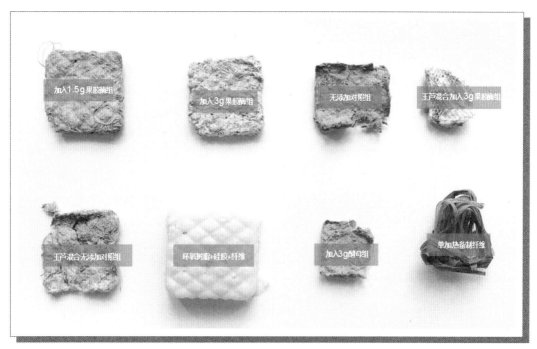

图3-42　添加不同材料后的试片

① 玉米苞叶浆糊加入果胶酶后颜色会变得比未加入前略白；
② 玉米苞叶浆糊加入果胶酶后质地变得坚硬。

（2）聚氨酯（成型实验）【作者：贾婧文、朱泠寰、李诗语、韩旭】

聚氨酯（PU），全名为聚氨基甲酸酯，是一种高分子化合物。聚氨酯制品主要包括泡沫塑料、弹性体、纤维塑料、涂料、胶黏剂和密封胶等。根据原料不同和配方变化，可制成软泡发泡、硬泡发泡、仿木材发泡，如图3-43所示。

聚氨酯最大的特点：发泡成型（液体—固体）、常温发泡、流动性强、坚固度高、软硬兼得。

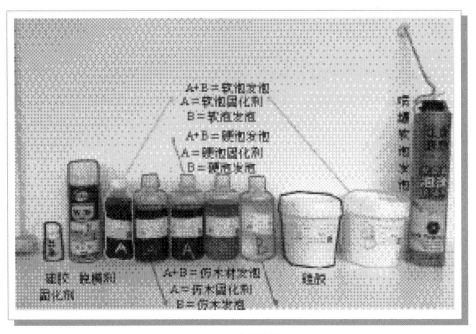

图3-43　实验材料

实验目的：通过不同的模具辅助、用料配比探索发泡成型的特点。

实验结果如下：

① 仿木聚氨酯更容易形成完整的滴落或冒出形态，如图3-44所示；软泡聚氨酯流动性更强，滴落形态不完整，有粘连效果，如图3-45所示。

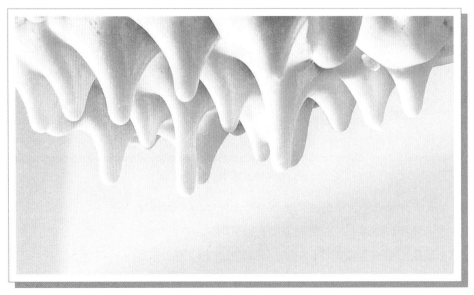

图3-44　仿木聚氨酯滴落实验

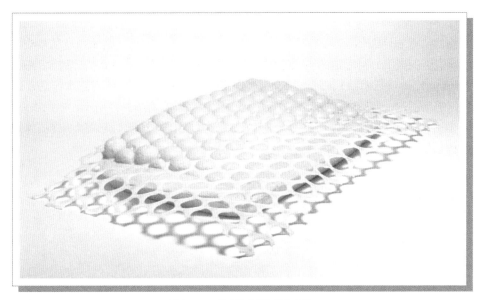

图3-45　仿木聚氨酯成型实验

②仿木聚氨酯滴落或冒出状结构更具脆性，在外力作用下会碎裂，不建议用于支撑、易磨损、易碰撞的部位，可考虑用于装饰形态部位，如图3-46所示。

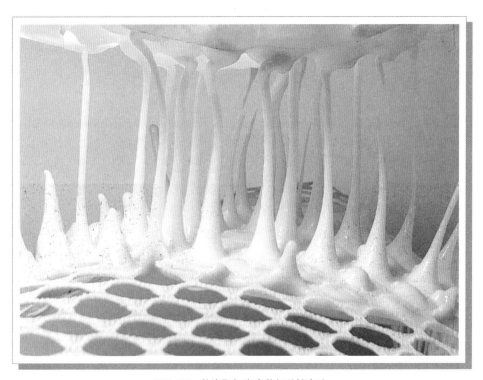

图3-46　软泡聚氨酯滴落与黏性实验

③软泡聚氨酯的滴落状结构具有韧性，能够承受一定的外力，但不建议用于产品的结构支撑部位，可以用于一定功能部位，比如用于脚部按摩、坐垫、枕垫等。

（3）磁流体

磁流体又称磁性液体、铁磁流体，是由直径为纳米量级的磁性固体颗粒基载液以及界面活性剂混合而成的一种稳定的胶状液体。磁流体具有液体的流动性和固体磁铁的磁性。

Concept Zero与艺术家Linden Gledhill合作推出了Gledhill的一系列艺术作品，通过使用磁场操纵用溶剂稀释的铁磁流体并拍摄结果来创建图像。如图3-47所示，当磁铁靠近时，磁流体会沿着看不见的磁感线方向均匀分散开来，呈现出一个个尖峰造型。磁流体被磁铁吸住的状态见图3-48。

图3-47　磁流体放入磁场时用高速快门抓拍得到的图像

图3-48　磁流体被磁铁吸住的状态

3.4 外部动能

在材料实验中，外部动能指外界影响因素，如外部施加力、外部环境变化（温度、湿度）等可以从外部对材料直接产生影响的因素。

（1）水洗牛皮纸（染色实验）【作者：刘洪、李安苪、彭紫叶】

实验步骤：对牛皮纸使用捆绑染法，将纸用皮筋捆绑后浸入颜料中。

实验结果：颜色聚集感强烈，不均衡感强，花纹感不明显，多为墨水晕染的痕迹，如图3-49所示。

图3-49　水洗牛皮纸染色实验

（2）纸（激光雕刻）【作者：王泳、吴诗怡】

激光雕刻加工是以数控技术为基础、激光为加工媒介的技术，加工材料在激光照射下发生瞬间的熔化和汽化的物理变性。

制作思路：激光切割不同色彩的纸，浅黄浅灰色系作为鱼身，制作时上下略旋转0.5mm，且层叠穿插鱼鳍部分，如图3-50～图3-52所示。从鱼头到鱼尾，采用相同的制作手法。

其系列化衍生品见图3-53。

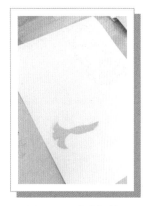  

图3-50　激光切割　　　　　图3-51　层叠贴合　　　　　图3-52　实物展示

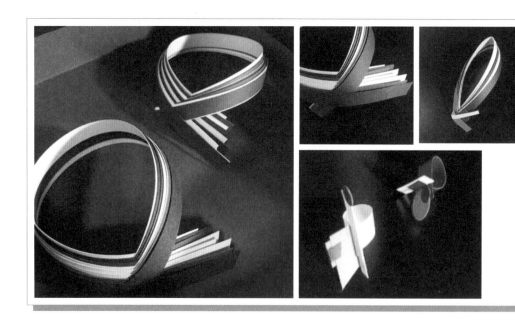

图3-53　系列化衍生品（包括手环、戒指、胸针）

（3）瓷砖（感温变色实验）

感温变色材料在特定温度下能够产生电子转移，使该有机物的分子结构发生变化，从而实现颜色转变。如图3-54所示，应用在浴室中的感温变色瓷砖随着水温变化而产生颜色变化。

图3-54 感温变色瓷砖

（4）木（烧木实验）

烧杉板（Shou-Sugi-Ban 烧き杉）是日本传统的木质材料之一。经过火烧炼制过的木材，表面会形成一层碳化层，它可以有效防止蛀虫腐蚀，并且可以延长使用寿命。只要控制好温度和时间，木材的表面还会形成形色各异的纹路。

制作过程：

① 火烧。使用传统的火把或者喷火枪烧焦木材，如图3-55所示。在燃烧的过程中，可以尝试在木材上添加焦痕和字符，从而让木材产生特殊的纹理，如图3-56所示。

② 擦刷。利用铁刷用力擦拭烧焦的木材，直到将表面的灰烬清理完毕。

③ 清洗。这个过程可以去除多余的灰尘和杂质。清洗完成之后应让木材完全干燥。

④ 上油。在干燥的木材表面涂上桐油一方面可以保护木材，另一方面也可以凸显木材的纹理。

另外，不同的木材在不同温度的火烧或烘烤之后呈现出的颜色和肌理也不一样，可以根据需要进行运用，如图3-57所示。

图3-55 烧木过程

图3-56 烧木在家具上的运用

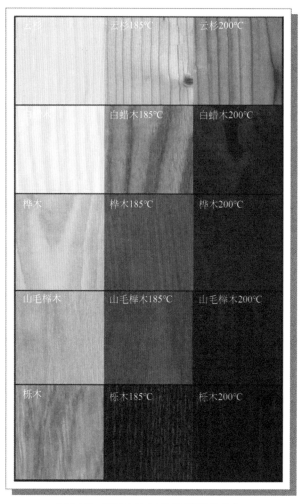

图3-57 不同木材在不同温度下的变化

4

探索材料的创新可能性

4.1 思维发散

本节的主要目的是训练对材料运用的创新、发散思维，在前一章对材料的基础认识上进行创新的探索实验，主要包括材料结合实验和材料性质发散。

4.1.1 根据多种材料结合发散

基于对材料的已有认识，寻找其他材料结合，以达到改良原有材料缺点，或同时拥有结合的多种材料的优良性质等目的。

（1）光纤实验【作者：尹琪、孙飞雪、安柏乐】

光纤是光导纤维的简写，是一种由玻璃或塑料制成的纤维，可作为光传导工具。其传输原理是"光的全反射"。

实验一：光纤、冰块与树脂/UV胶实验。

目的：将冰和光纤颗粒封入胶内，冰融化后成为水，可以在封闭空间里摇晃，见图4-1、图4-2。

图4-1　包裹了光纤块的冰（1）　　图4-2　包裹了光纤块的冰（2）

步骤：

① 在立方体模具中注水，将切成细颗粒的光纤洒进水中；

② 将模具放入冰箱冷冻层中24h；

③ 模具脱模，倒入量杯中，加入UV胶包裹；

④ 待UV胶没过冰块，用紫外线灯照射量杯加速UV胶成型。

现象：

① UV胶凝固后质地偏软，有弹性，如图4-3所示。

② UV胶与水反应形成乳白色浑浊混合物，如图4-3所示。

③ 在光纤灯照射下，靠近外部的部分光纤颗粒产生光亮，如图4-4所示。

结论：先制作外壳，再填充冰块，效果并不好，胶与水反应形成浑浊混合物，且UV

图 4-3 现象①、②

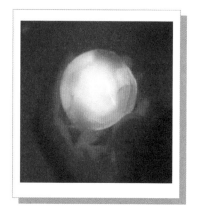

图 4-4 现象③

胶凝固后会变黄。

进一步改进实验如下：

① 用 AB 胶替换 UV 胶，先制作外壳；

② 然后直接加入水和光纤，再用 UV 胶粘连封盖。

现象：

① AB 胶凝固后质感温润晶莹，如图 4-5 所示。

② 光纤颗粒堆积后的造型成为光源反射物，在对齐灯光后，可以较好地折射光线，展现柔美光晕，见图 4-6。

③ 轻轻翻转容器，光纤会随着水流滚动而浮动，直径不一的光纤颗粒展现出星屑般的效果，见图 4-6。

图 4-5 改进实验现象①

图 4-6 改进实验现象②、③

结论：

① AB 胶的可塑性比 UV 胶的可塑性更强，颜色上 AB 胶更透明纯净，UV 胶则会泛黄。

② 光纤在光照下可以达到预期效果。

实验制作成果：以冰解实验为基础，通过将光纤颗粒块体、视错觉、沙漏、可玩性、时间的尘埃这些关键词串联起来制作出"光纤沙漏"，如图 4-7、图 4-8 所示。

实验二：光纤的断续光传播实验。

实验目的：寻找较好的在光纤中传播光的方式。将光纤与树脂、磁铁块、玻璃纤维等结合，从蒲公英灯、发光乐高玩具、拼接鸟巢灯、水墨画等主题方向寻找创作灵感。

图4-7 沙漏（1）   图4-8 沙漏（2）

材料结合设想：

① 与树脂结合，利用直径较大的主光纤进行光传导。

② 将不等直径的光纤碎粒置入其中，以加强其光折射效果表现的美观性。

③ 光导纤维是石英光纤的主材料，具有导光性，将光导纤维丝/粉置入其中，导光效果是否会更优？

④ 使用滴胶包裹光传导纤维、光纤碎屑和玻璃纤维丝等制作成模块，模块表面嵌入小圆环形磁铁，以方便模块连接。

实验内容：

① 滴胶＋主光纤＋光纤碎屑＋磁铁；

② 滴胶＋主光纤＋光纤碎屑＋光导纤维粉＋磁铁；

③ 滴胶＋主光纤＋光纤碎屑＋光导纤维丝＋磁铁。

实验结论：

① 图4-9（a）、（c）的效果美观度相对更高，图4-9（b）的颜色、效果不是太美观。这是因为纤维丝有一定的肌理感与反光效果，光纤碎屑也有一定的变化折射效果，而光纤粉导致的雾状在颜色、感受上不算美观。

② 由于滴胶凝固时间长，密度相对置入材料小，置入材料沉底，效果较难控制，可以尝试在半干时加入材料或者使用UV快干胶。

断续光传播效果见图4-10、图4-11。

断续光传播实验制作成果：以光纤的断续光传导性为基础，制作出光导拼接模块，如图4-12～图4-14所示。这些模块能继续进行光传播，可自由拼接、随意组合，并有一定光效扩散效果。从制作效果来看，光线柔和、层次丰富、艺术性较高，作为个性化产品，既有装饰性，也有一定功能性，如图4-15所示。

(a)

(b)

(c)

图4-9 光纤与树脂、磁铁块、玻璃纤维

图4-10 断续光传播效果（1）

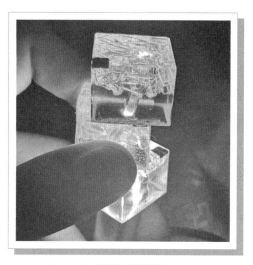

图4-11 断续光传播效果（2）

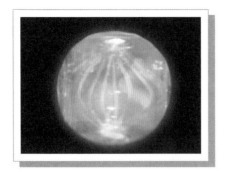

图4-12　球形光导模块

图4-13　圆柱形光导模块

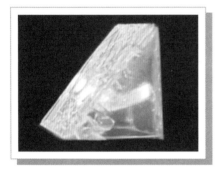

图4-14　圆三棱柱形光导模块

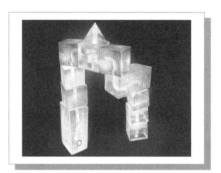

图4-15　模块拼接效果

实验三：光纤+纸浆实验。

思维发散：光纤+纸浆=光纤纸灯罩。

实验设想：光纤块与纸浆结合，光纤被上下两层纸浆覆盖住。

现象：

① 自然光条件下，结合后的光纤与纸浆会在表面产生像陨石坑一般坑坑洼洼的纹理；相比薄纸浆，较厚的纸浆表面纹理较规整，如图4-16、图4-17所示。

图4-16　自然光下的薄纸浆

② 灯光照射条件下，包裹在纸中的光纤块会发光，且亮度较高；亮度不受纸浆薄厚程度的影响。无论灯光的照射点距离以及角度大小，光纤都能够有效地进行光传导。薄纸浆在灯光照射下崎岖的纹理等干扰细节较少，厚纸浆在灯光照射下表面的皱褶更明显，如图4-18、图4-19所示。

图4-17　自然光下的厚纸浆

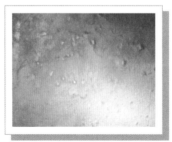

图4-18　灯光照射下的薄纸浆

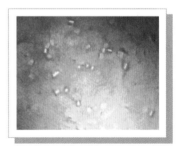

图4-19　灯光照射下的厚纸浆

结论：

① 在灯光照射下，光纤纸浆具有独特的肌理和视觉效果。

② 可以利用厚薄光纤纸浆在灯光照射下表面不同的纹理制作满足不同需求的产品。

（2）丝瓜络+硅胶实验【作者：陈娉婷、潘岁、张若涵】

丝瓜络为葫芦科植物丝瓜的果实在成熟干燥后的状态。丝瓜的果实成熟后让其继续挂在藤上生长变老，待果皮变黄变硬、果肉干枯采摘下来除去外皮，里面呈现经络状，洗净、晒干、除去种子后即可使用。

目的：将丝瓜络的网状结构作为硅胶的支撑，在保留丝瓜络特性的基础上改善丝瓜络的手感并使其更好地进行弹性形变，如图4-20所示。

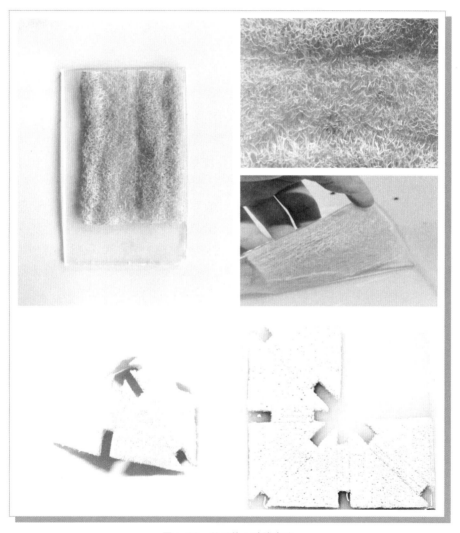

图4-20　丝瓜络+硅胶实验

现象：凝固时间较长，凝固后由原本的半透明转化为透明，成型脱模后质感光滑、静置易沾灰、韧性好、弯折程度大、弹性极佳。

结论：

① 柔韧性、可塑性：丝瓜络与硅胶的结合能有效改善丝瓜络的手感和柔韧性以及可塑性，且保证丝瓜络的疏水性。

② 结构加固：丝瓜络也可以很好地作为加强筋对硅胶进行结构加固。

③ 防滑性增强：丝瓜络加入较多的硅胶后表面大体被覆盖，具有较多的硅胶表面的特性，粗糙度减弱，可使丝瓜络表面光滑，相比未加硅胶前手感更柔和，具有一定的摩擦力。

④ 还原速度提升：（对比软滴胶）丝瓜络和硅胶混合后的材质在发生形变后有较强且较快的回弹性，回弹到一定程度后可保留较小程度的形变。

⑤ 韧性提高：加入硅胶以后的丝瓜络再次施加较大力气弯折后不会像单纯的丝瓜络一样出现断裂，弯折疲劳极限大幅增强。

4.1.2　根据材料性质发散

本节主要从材料的主要性质和特征入手，聚焦于材料成型的过程、性质，探索它们的更多创新应用的可能性。

（1）杜邦纸实验【作者：司玮、陶璐、张学森】

"杜邦纸"是杜邦公司生产的两种材料：一种是高密度聚乙烯材料，名为Tyvek；另一种是间位芳纶纤维材料，名为Nomex。

Tyvek又称诺美纸，是杜邦公司生产的一种环保无纺布，在木结构建筑中常用作外墙、屋顶的防水材料。因其具有单向透气的性能，又称为"呼吸纸"。它是采用闪蒸法技术，由聚合物经热熔后加工成连续的长丝再经热黏合而成的高密度聚乙烯。这种独特的工艺技术能生产出重量轻，却非常坚韧的材料。杜邦纸产品结合了纸、薄膜和纤维的优点于一身，坚韧而耐用，具有很强的抗撕裂特性。Tyvek呈纯白色，有两种不同的结构：像纸一样的硬结构和像布一样的软结构。

以下实验使用的是像布一样的软结构Tyvek，它拥有均衡的物理特性，厚度薄、重量轻、不易变形、柔软平滑、坚韧、抗撕裂、不透明、防潮湿、抗水渍、表面摩擦力小、弹性大，结合了纸、布及薄膜所具有的特点。因此，其应用上比传统的布料更灵活。

火烤加热实验：用加温枪分别进行了不同温度下的火烤实验，并分别用染色与未染色的杜邦纸参与了实验。火烤后的杜邦纸凹凸不平，出现大小不一的起伏，并且变硬，类似塑料的效果，如图4-21所示。

300℃揉皱纸染色后火烤实验：揉皱的杜邦纸在染色后进行300℃火烤，变形明显，之后拧为一个个凸起与凹陷纹理，如图4-22所示。

210℃平整纸染色后火烤实验：平整的杜邦纸在染色后进行210℃火烤，在持续的高温下开始出现裂痕并慢慢形成圆洞肌理，如图4-23所示。

（2）玉米苞叶（结合玉米棒）实验【作者：龚彦旬、白明慧】

玉米苞叶是可再生、可降解、可废物利用的植物纤维。它具有以下特性：

① 玉米苞叶的厚度、横纵向强度均随其层数从外至内逐渐减小。

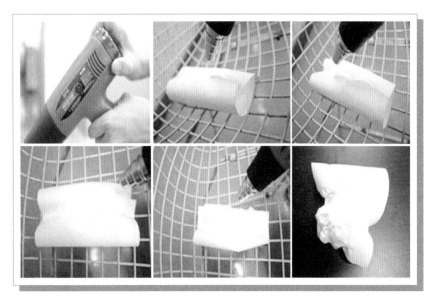

图 4-21　火烤加热杜邦纸

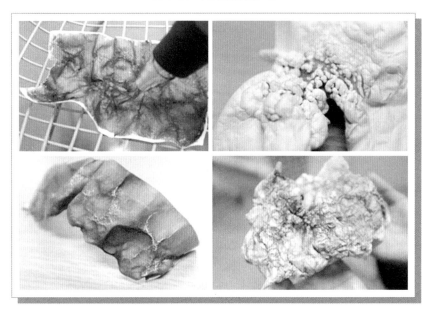

图 4-22　300℃揉皱纸染色后火烤实验

图 4-23　210℃平整纸染色后火烤实验

② 玉米苞叶及其纤维均含有纤维素、半纤维素、木质素等物质，且玉米苞叶纤维经化学处理后具有更高的纤维素含量和更低的半纤维素、木质素含量。

③ 玉米苞叶表面凹凸不平，有随机分布的孔洞；单纤维截面形状不规则，有较大中腔，纵向表面较为光滑。

④ 玉米苞叶结晶度为38.9%，其纤维结晶度为57.8%，两者均表现为纤维素Ⅰ的晶体结构。

实验内容：

① 对主材料（玉米苞叶）进行试验；

② 加入其他材料与主材料结合；

③ 将材料结合产品应用方向进行思维发散，并设计成品；

④ 制作产品（图4-24～图4-27）。

图4-24　缠绕着灯珠的能发光的玉米棒

图4-25　玉米叶与别针的结合

图 4-26　整棵玉米与树脂的结合　　　　　　　　　　　图 4-27　玉米灯大合集

4.2　主题引导

本节通过对材料研究的主题分类，分别以材料特性、展示方式、装饰效果等为主题进行有针对性的探索研究。

4.2.1　以材料为主题

本小节主要从材料本身的性质、特点出发，进行探索研究。

透光和发光材料作为现代照明设计与环境设计的元素，它们是不可或缺的重要材料。

图 4-28 所示是意大利艺术家 Carlo Bernardini 的作品。他专注于视觉空间的多样性和延续，并深入地研究了线条和单色调之间的辩证关系。从 1996 年起，Bernardini 开始在作品中采用光纤，以光为切割空间和创造层次感的工具。在其一系列艺术装置中，线性的光纤以简单的几何形状组合，并将黑暗的单一空间点亮。

法国 Lumigram 公司设计了一种会发光的光纤织物 Lumigram，白天这种织物看上去和普通的布料没什么区别，但到了晚上通上电之后，这种织物就会发出五颜六色的光泽，如图 4-29 所示。Lumigram 的创始人 Jacqueline 是一名时装设计师，曾任职于多家时装公司，经过多年的潜心研究，将犀利的设计、精湛的技艺和高科技融为一体，运用纺织技术把塑胶光纤织成了织物；若再加上 LED 光源和电池组，通电之后，这种光纤织物就可以发光了。

图 4-28　以"光"为主题的光纤材料与空间的结合

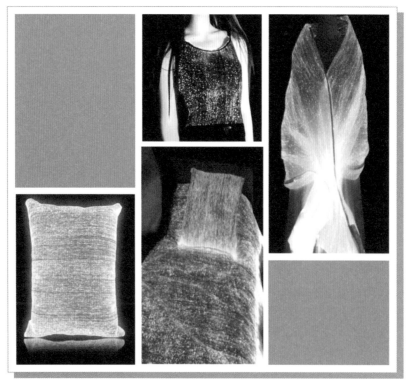

图 4-29　以"光"为主题的光纤材料与服饰面料的结合

别看这种织物是采用光纤织成的，但它很轻、很柔软，并且有多种颜色可选。目前这种面料已经应用到了服装领域。

4.2.2 以展示为主题

为了在空间里展示材料的美感、材料的空间结构，需要设计好材料与展示空间的关系，包括展示逻辑、照明等。

（1）RPET与生物塑料实验展示【作者：朱安琦、刘姿汝、杨燕泽】

RPET意为回收的聚对苯二甲酸乙二醇酯，多用于服装、家纺类产业。

生物塑料指以淀粉等天然物质为基础在微生物作用下生成的塑料。它具有可再生性，因此十分环保。

布展主题：舞。

展示内容：

① 原料展示（图4-30）。

② 样片展示（图4-31、图4-32）：

RPET塑型品；

PRET与生物塑料结合品；

PRET与生物塑料+泡泡水结合品；

PRET与环氧树脂结合品；

RPET编织品。

③ 以"舞"为主题的装置展示（图4-33）。

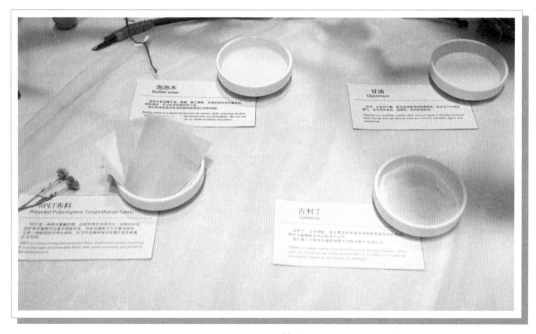

图4-30 原料展示

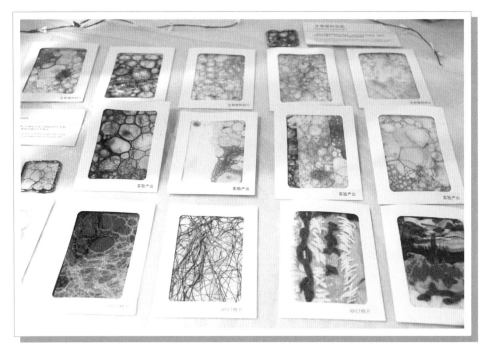

图4-31 样片展示（1）

图4-32 样片展示（2）

（2）丝瓜络实验展示【作者：陈娉婷、潘岁、张若涵】

丝瓜络是成熟丝瓜果实除去外皮和种子后获得的纤维质网状结构的天然维管束组织，又名丝瓜海绵、植物海绵。在我国，丝瓜络是一味传统中药并被广泛用于清洁与纺织。近年来，随着科技的发展，丝瓜络经科学开发已悄然成为一种新型的天然工业材料，在包装、

图4-33 以"舞"为主题的布展图

消声、过滤、保温、减振和抗冲击缓冲器等工程领域获得了成功应用。

展示内容：

① 基础材料展示。包括原生材料玻片以及复合材料的标准样本（图4-34）。

图4-34 丝瓜络布展图

② 材料实验过程、思路及演进过程展示（图4-35）。

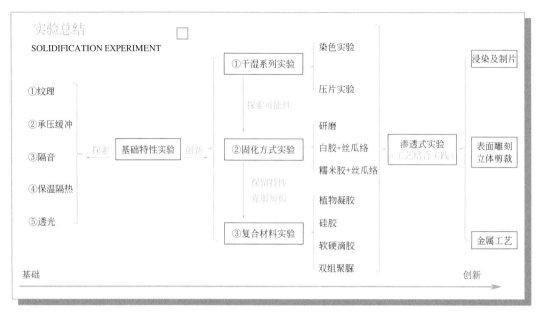

图4-35 材料实验过程、思路及演进过程展示

③ 方案成果展示。展示通过不断实验后获得的材料特性，分为立面展示（丝瓜络与软滴胶的复合实验）、台面展示（丝瓜络与双组聚脲、软硬滴胶、金属混合、原生材料的复合实验）、灯箱展示（丝瓜络塑性+复合材料实验）、电脑视频展示四个部分来进行，如图4-36～图4-41所示。

图4-36 实验样片展示

图4-37 表面雕刻与立体裁剪

图4-38 吸附性展示

图4-39 双组聚脲丝瓜络立体塑形

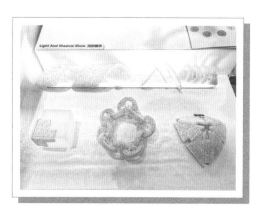

图4-40 丝瓜络立体塑形

图4-41 丝瓜络穿插塑形

（3）水洗牛皮纸实验展示【作者：李安莴、彭紫叶、刘洪】

水洗牛皮纸是可水洗、印刷、印花、层压、涂覆、丝印的牛皮纸，是一种新型的低碳环保材质。由于水洗牛皮纸的原材料为天然纤维浆，其具备不含任何有害物质、可循环使用、可降解、可回收再利用等特点。

布展主题：茧·羽化。

展示内容：

① 悬挂主体物和背景（悬挂），如图4-42所示。

图 4-42 "茧·羽化"布展图

　　② 桌面创新实验记录，即铁丝编织、肌理、扎染（平面陈列布置），如图4-43 ～
图4-45所示。

图 4-43　水洗牛皮纸的肌理和扎染

③ 互动角。参观者可以尝试自己动手做一些简单的材料体验实验。

图4-44 水洗牛皮纸扎染

图4-45 水洗牛皮纸和铁丝编织

（4）竹材料实验展示【作者：毛艺璇、裴雨欣、黄瑞琪】

竹为多年生禾本科竹亚科植物，茎多为木质，有明显的节，节间常中空。竹是世界上生长最快的植物，竹竿高大、挺拔、修长。其品种繁多，有毛竹、麻竹、箭竹等。

布展主题：竹下花前。

展示设想：顶棚为手工编织竹吊顶，桌面以清脆的草绿与白色布面作背景，展示尝试制成的种种竹制品，如图4-46所示。整体色调统一和谐，以白绿为主题，衬托出竹本身的自然美感。

展示内容：

① 材料试片展示区（图4-47）。

原料：竹筒、竹笋、竹叶、竹刨花、竹膜等。

图4-46 "竹下花前"布展图

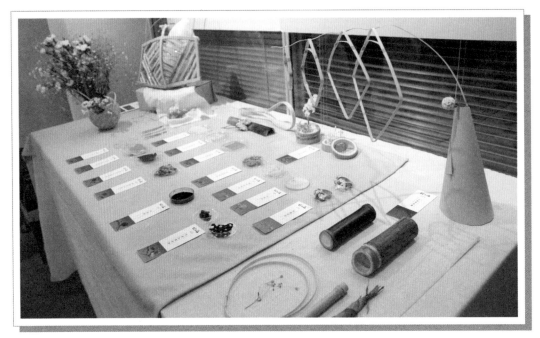

图4-47 材料试片展示区

试片展示：生物面料、竹胶板、染色竹片等。

② 竹工艺品展示。如竹花架、竹灯（图4-48）、竹手提包、竹首饰（图4-49）、竹热弯工艺制品。

图4-48 竹灯

图4-49 竹首饰

③ 顶部竹艺装置。

（5）陶瓷材料实验展示【作者：刘盎沅、高希萌、张璐】

布展主题：杂瓷铺。

展示内容：分为釉色、破碎、弯曲三个系列展示。

主要内容为：成型实验品、肌理实验品、材料结合实验品、色彩实验品、造型实验品以及陶瓷制作工具，如图4-50、图4-51所示。

图4-50　"杂瓷铺"布展图

破碎系列

弯曲系列

蓝色釉料+洗洁精
+贝壳
彩绘、喷釉、润釉

图4-51　产品展示

4.2.3　以装饰为主题

本小节对材料的研究侧重于造型美、肌理美、色彩美等装饰美，探究了不同的装饰特性以及可能性。

（1）明胶的装饰效果【作者：缪忠雪、周颖、朱昱熹】

明胶是一种大分子的亲水胶体，是胶原部分水解后的产物。按其性能和用途可分为照相明胶、食用明胶和工业明胶。根据用途不同，对明胶的质量要求也不一样，此处为食用明胶。图4-52所示的明胶片色彩和肌理具有装饰感。

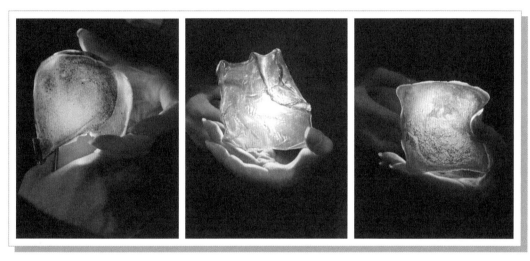

图4-52　明胶片的色彩和肌理（具有装饰感）

（2）液态金属的装饰效果

液态金属是指一种不定型金属。液态金属可看作由正离子流体和自由电子气组成的混合物，也称可流动的金属。液态金属成型过程存在不定因素，其充型过程的水力学特性及流动情况对铸件质量影响很大，可能造成各种缺陷。如冷隔、浇不足、夹杂、气孔、夹砂、粘砂等缺陷，都是在液态金属充型不利的情况下产生的。液态金属的肌理见图4-53。

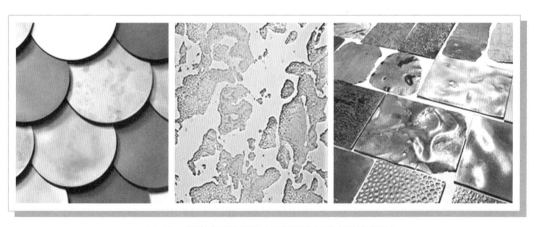

图4-53　液态金属的肌理（可营造岁月感或科技感等）

（3）琼脂灯【作者：陈卓文、蒋茹茵、郭璇】

琼脂是植物胶的一种，常用海产的麒麟菜、石花菜、江蓠等制成，为无色、无固定形状的固体，溶于热水。其在食品工业中应用广泛，亦常用作细菌培养基。琼脂是从海藻中提取的多糖体，是世界上用途最广泛的海藻胶之一。

对灯具装置的肌理折射进行探究，将琼脂放入有纹理的玻璃杯中，用强光手电筒照射时，琼脂本身对光的折射与玻璃杯的折射融合在一起，出现了富有变化的白色光效，如图4-54所示。

图4-54　琼脂灯肌理折射

4.3　功能引导

本节主要从材料的功能性特征出发，探索可能的应用领域。

4.3.1　实用性功能

以材料实用性功能为主导的探索。

（1）卡拉胶马拉松补水球【作者：刘馨滢、王可航、冯缘】

卡拉胶是从麒麟菜、石花菜、鹿角菜等可食用红藻中提取的线性硫酸化多糖物质，是有机材料，具有循环生命周期，可生物降解或可溶，对生态系统没有负面影响。卡拉胶是一种无臭、无味的大型（分子量在10万道尔顿以上）高度弹性分子，相互卷曲在一起形成双螺旋结构。卡拉胶具有亲水性、黏性、稳定性，溶于80℃的热水可形成黏性透明液体，并能在室温下形成不同形式的凝胶，这使得食品工业及其他产业亦广泛使用卡拉胶作增稠剂及稳定剂。

马拉松补水球痛点：马拉松运动员在奔跑时需在补给站饮水，手握纸杯不方便、不环保。

马拉松补水球材料优势：不易透水、易携带、可降解、可食用。

马拉松补水球可行性：通过桌面调研、透水实验、拉力实验可得知本材料透水性差，不漏水，较为坚韧，不易破碎，并且可食用，对人体无害。

马拉松补水球及设计思路见图4-55～图4-57。

（2）麻布灯具【作者：李若莎、李雯懿、任观周】

制作工艺：采用固化、缝纫、编织、剪裁、拼贴、折叠等工艺，结合玻璃材质。

材料准备：竹节亚麻、磨毛麻布、有机玻璃罩、LED灯带、白乳胶、酒精胶、透明胶、针线、铁丝、剪刀、美工刀、电钻、胶枪。

实验内容：

① 裁剪16张花瓣状的布，分三层黏合在玻璃罩顶。

② 将抽丝磨毛布条粘贴在玻璃罩内边缘。

③ 用胶水进行边缘固化，防止边缘抽丝，平整边沿。

④ 沿圆圈剪出布条若干。

图4-55　马拉松补水球

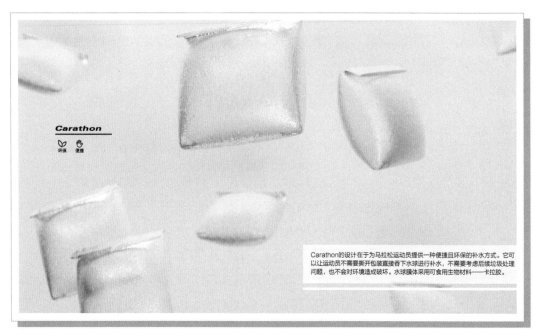

图 4-56　马拉松补水球设计思路（1）

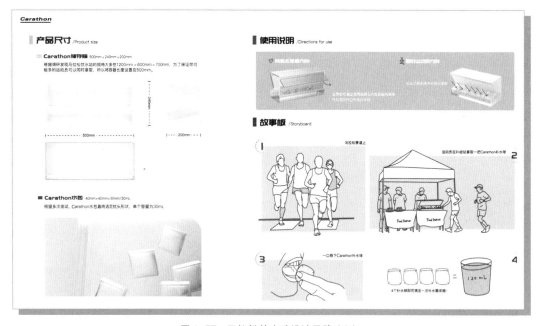

图 4-57　马拉松补水球设计思路（2）

⑤ 使用白乳胶将自然卷曲布条进一步卷曲固化，待白乳胶自然风干后再涂第二层，如此循环，共涂4层白乳胶，使布条完全固化成型。

⑥ 沿"水母"头部边沿编织圆圈状细线。

⑦ 粘贴灯条、剪去线头、调整完成。

其过程见图4-58，效果如图4-59所示。

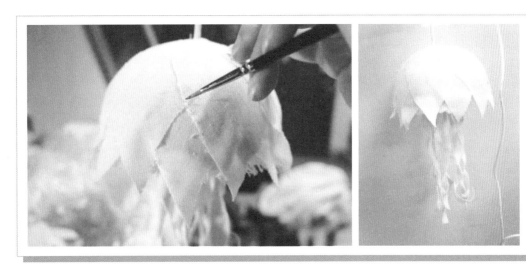

图4-58　过程图

图4-59　灯光效果图

（3）纸灯【作者：David Derksen】

　　David的创作就好像和自然做游戏，在他的设计中，总是试图传达材料之美以及展现材料的生产制造方式。如图4-60所示，这些超轻纸灯罩在小而重的底座上保持平衡。受风筝和帆的启发，当有人走过或轻轻推一下它们时，灯就会摆动。微风会让它们轻轻摇摆。纸质灯罩的结构取决于不同的褶皱方式，这三种型号都基于不同的折叠方式，因此各具特色。

"风帆"灯折纸细节见图4-61。这里的纸材具有功能性，不同的褶皱方式给灯带来了不同的形态，轻薄的纸材使灯可以随风摇摆。

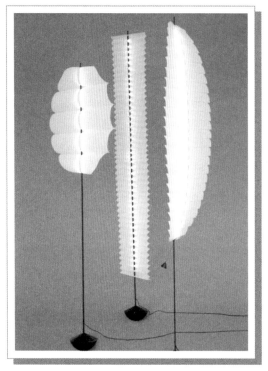 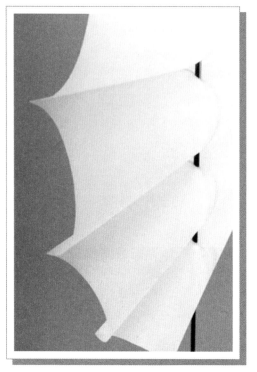

图4-60　三款"风帆"灯　　　　　　　　　图4-61　"风帆"灯折纸细节图

4.3.2　食用价值

材料的食用价值也是很值得研究的一个方向，可以从设计的角度去探索材料的食用价值，两者相辅相成。

（1）糖杯【作者：Fernando Laposse】

"食用糖杯"结合了厨房工艺和基本的工业制造工艺，实现了使用100%旋转成型的融化糖饮用容器。将美酒倒入糖制的玻璃杯中，糖杯开始慢慢溶解，与美酒逐渐混合，使美酒变得更有风味。这样的产品给人的感官带来的体验是很美好和微妙的，也是材料从食用的角度进行的很好的设计应用。糖杯制作工具、使用场景及效果如图4-62～图4-64所示。

（2）海藻生物包装【作者：范文文】

六色的海藻包装纸可以作为食品包装新的替代方案，应用这样的包装纸，一定程度上可以应对气候的变化，实现碳抵消。设计师范文文指出："据科学家所说，在仅占世界9%的海洋上建立海藻养殖网络就可以实现碳抵消"。除此以外，通过"seaweedU"系列作品，范文文试图在西方社会推广一种更方便、有趣和可口的海藻饮食方案。她创造了纯素食海藻包装纸和可食用、可溶解的包装袋。它们能够提供额外的营养价值，包括维生素、矿物质以及来自海藻的多糖，有助于支持肠道健康。设计师范文文还创建了一个

图4-62　糖杯制作工具

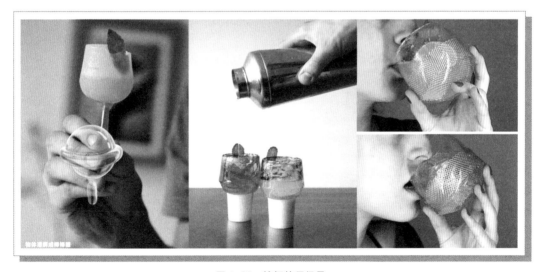

图4-63　糖杯使用场景

提供定制产品的在线平台，以满足每个人的营养需求和口味偏好。到目前为止，有三种场景可供选择：

①"Trick or Treat"是一种由果味海藻皮制成的健康零食，可以搭配更熟悉的食物口味，如坚果和浆果。

图4-64　糖杯效果

　　② "The Lazy Pouch" 是一种单份、可溶解的袋子，里面有不同类型的海藻可供选择。

　　③ "Super Chef" 提供创意DIY美食体验，人们可以将这种多功能材料与普通食材结合，制作出创意菜肴，如透明的饭团、冰淇淋馄饨，甚至是五颜六色的春卷。

　　可降解可食用海藻包装见图4-65。

图4-65　可降解可食用海藻包装

4.3.3　绿色环保

　　绿色环保与可持续发展是现代材料的重要追求之一。

（1）生物塑料【作者：朱安琦、刘姿汝、杨燕泽】

指以淀粉等天然物质为基础在微生物作用下生成的塑料。它具有可再生性，因此十分环保。

实验1：与生物塑料结合。

实验目的：探究RPET材料与生物塑料结合所能呈现的不同效果。

实验材料：明胶粉、甘油、电子秤、搅拌纸杯、搅拌棒、锅、各色RPET布料、各种装饰填充物。

实验步骤：

① 将清水倒入锅内；

② 将明胶粉和甘油倒入锅内；

③ 搅拌均匀；

④ 加热搅拌至清澈；

⑤ 撒入金箔搅拌后铺入容器；

⑥ 等待36h凝固。

RPET与生物塑料结合的效果见图4-66。

(a)　　　　　　　　　　　　(b)

图4-66　RPET与生物塑料结合

实验结论如下。

优势：

① 生物塑料材料1～2天左右干透，干透后便于脱模；

② 半干状态的生物塑料手感舒适、质地柔软，类似果冻，具有一定的吸附性和黏性；

③ 干透后生物塑料不易破损，具有防水性；

④ 环保可降解，安全无毒。

劣势：

① 半干的生物塑料易破损，干透后的生物塑料凹凸起伏，不平整；

② 半干状态和完全干透的生物塑料差别较大，无法预知；

③ 内部有气泡；

④ 完全干透的生物塑料硬度较大，相较于半干状态更不易形变。

改良设想：生物塑料包容性强，且具有防水性，可作为装饰材料与RPET布料结合来制造丰富的视觉效果与肌理。

实验2：PRET与生物塑料+泡泡水结合。

实验目的：探究RPET材料与生物塑料和泡泡水结合所能呈现的不同效果。

实验材料：明胶粉、甘油、电子秤、搅拌纸杯、搅拌棒、锅、各色RPET布料、各种装饰填充物、保鲜膜、泡泡水。

实验步骤：

① 将一定比例的明胶粉、甘油与水混合加入锅中熬制；

② 熬制成透明状态；

③ 将原料与泡泡水1∶1混合；

④ 用吸管在保鲜膜上吹出泡泡；

⑤ 反复堆叠，增加肌理效果；

⑥ 等待消泡和干透。

生物塑料与泡泡水结合的效果见图4-67，生物塑料和泡泡水与RPET结合的效果见图4-68。

 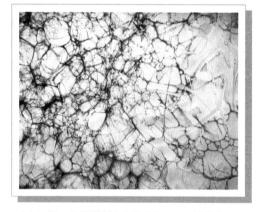

图4-67　生物塑料与泡泡水结合（密集型纹理）　　　　图4-68　生物塑料和泡泡水与RPET结合效果

（2）细菌纤维素

细菌纤维素（bacterial cellulose，BC）是指在不同条件下，由醋酸菌属（acetobacter）、土壤杆菌属（*Agrobacterium*）、根瘤菌属（*Rhizobium*）和八叠球菌属（*Sarcina*）等中的某种微生物合成的纤维素的统称。

细菌纤维素的应用如下：

① 纺织材料。细菌纤维素的分子结构类似于植物纤维素，并具有优于植物纤维素的高拉伸强度、高的孔隙率和纳米纤维状结构等独特性质，因此可改善原产品的不足或者制备出性能更优的纺织品，如图4-69、图4-70所示。利用细菌纤维素代替植物纤维素具有巨大的经济价值，不仅可以充分利用工业废弃物，减少污染，而且可以缩短纤维素的生长周期，提高纤维素产量，实现纤维素的工业化生产。

② 医用材料。细菌纤维素持水性高、透气性好，具有良好的生物相容性及较好的力学性能，在医用敷料产业具有广阔的应用前景。研究显示其用作绷带、纱布和创可贴等，可

图4-69 纺织材料及运用（1）

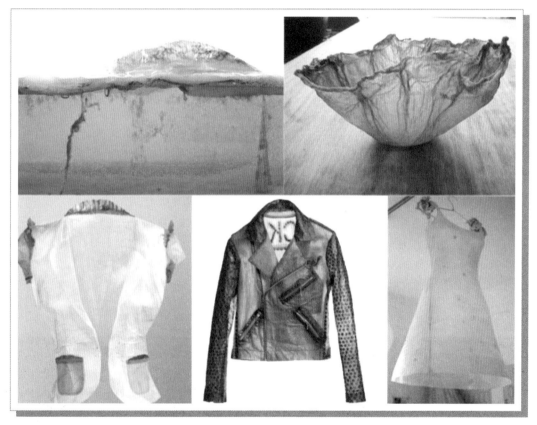

图4-70 纺织材料及运用（2）

减少对伤口的刺激，有效缓解疼痛，加快伤口愈合等。由于其本身无抗菌效果，也可以通过复合技术对细菌纤维素进行修饰，赋予其良好的抗菌性能，使其在医用敷料方面有更好的应用前景。医用敷料见图4-71。

③电磁性材料。细菌纤维素的高反射率、弹性和尺寸稳定性使其适合作为信息显示的媒介，如用细菌纤维素制作"电子纸"进而制成电子液晶屏，可以潜在地用于电子传感器、信息储存、电子屏蔽涂层及防伪等领域。此外，细菌纤维素的纳米结构、高孔隙率也使其

适合作为基质制备具有吸附和运输性能的质子导电膜和有机发光二极管,可应用于生物传感器、生物燃料电池等领域。

④ 其他。除了用作高附加值的医用材料、多功能纺织品、功能性食品和电磁性材料外,细菌纤维素在环境工业领域,如应用细菌纤维素膜吸附或者过滤去除废水中的诸多重金属离子等方面的研究也取得显著成效。由于其杨氏模量及形状维持能力高,将来也可以用在建材方面,增加稳定性。

图4-71　医用敷料

4.4　结构引导

本节主要从材料的结构特征出发,探索可能的应用领域。

4.4.1　产品结构设计

包括壳体结构和连接结构等。

（1）壳体结构

壳体结构通常是指层状的结构,常用于各类工业设计领域。它的受力特点是,外力作用在结构体的表面上,如摩托车手的头盔、贝壳等。壳体结构是由空间曲面型板或加边缘构件组成的空间曲面结构,壳体的厚度远小于壳体的其他尺寸,因此壳体结构具有很好的空间传力性能,能以较小的构件厚度形成承载能力高、刚度大的承重结构,能覆盖或维护大跨度的空间而不需要空间支柱,能兼承重结构和围护结构的双重作用,从而节约结构材料。

杜邦纸陨石灯【作者:司玮、陶璐、张学森】

制作过程如下:

① 首先,确定好形状后先折叠出每一个灯具的造型,有球形灯具,还有长条形、方形、三角形、星形等多种"星球"样式(图4-72、图4-73)。

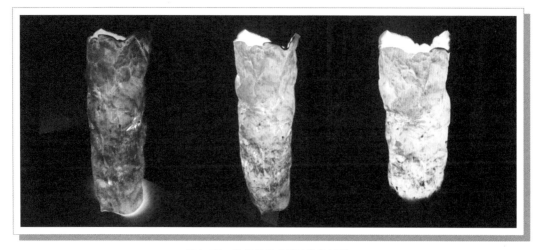

图4-72　杜邦纸的成型及特殊肌理

② 然后，选择一些球体形状进行火烤，并且使用不同厚度的杜邦纸进行尝试，最终找到比较合适的灯具（图4-74）。

③ 选择一些小型的"星球"（图4-75），将之埋在月球表面底座上，作为一些燃烧的小陨石以及小火山。

（2）连接结构

丝瓜络【作者：张若涵、陈娉婷、潘岁】

穿插连接，只利用材料本身进行连接，见图4-76～图4-78。

图4-74　成型结构

图4-73　折叠出灯具的造型

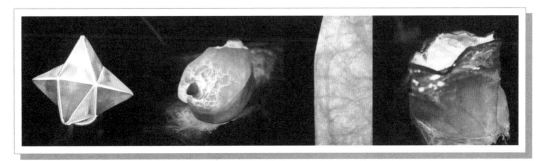

图4-75　小型"星球"

图4-76　两个相互穿插连接

图4-77　多个相互穿插连接

图4-78　裁剪穿插连接

4.4.2　空间结构设计

空间结构包括一种材料的插接、拼接、一体成型以及立体成型，多种材料之间的连接，侧重于在三维空间塑造形态。

（1）纸艺【作者：吴诗怡、王泳】

创作主旨：利用纸的层叠及颜色的渐变或碰撞，应用在不同的形态之中，尝试新的视觉感受。通过雕刻将纸剪切成需要的形状，利用形状与颜色的组合变化达到视觉的错落空间感，形成独特的质感，见图4-79～图4-82。

纸材的一体成型及立体成型见图4-83～图4-87。

图4-79　水滴形堆叠

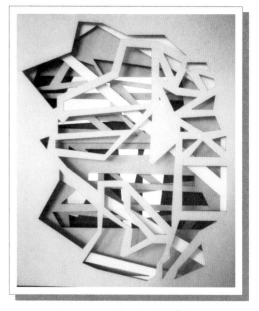

图4-80　不规则几何形堆叠

图 4-81　椭圆形与流线形堆叠

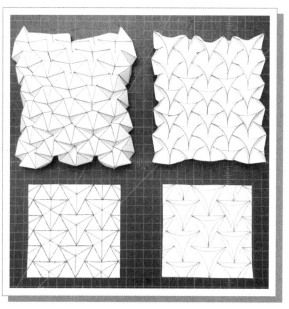

图 4-84　纸材的一体成型方式（2）

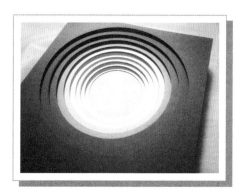

图 4-82　圆形堆叠

图 4-83　纸材的一体成型方式（1）

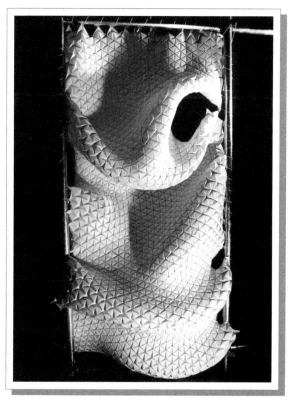

图 4-85　立体成型纸材在空间中的展示（1）

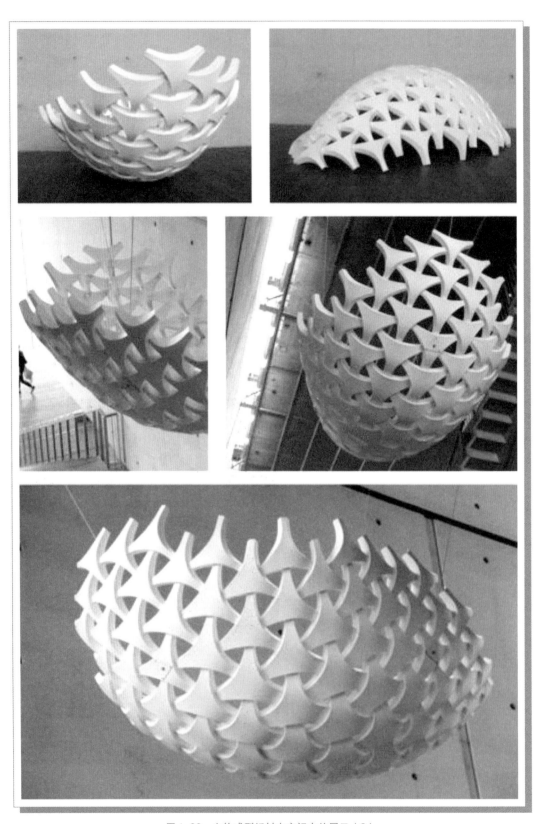

图4-86　立体成型纸材在空间中的展示（2）

图4-87　纸材的立体成型方式

（2）软二氧化硅【作者：Sarah Roseman】

经过近一年的研究，加拿大设计师Sarah Roseman　开发了软二氧化硅（Soft Silica），这是一种介于纺织品和玻璃制品之间的新材料。

软二氧化硅是一种新的玻璃表达方式，位于纺织品和玻璃制品的边界。这种材料被赋予了生命，柔软的形态似乎被及时冻结，通过纺织品的触感捕捉玻璃在静态物体中融化的方式。制造软二氧化硅的过程始于在窑中熔化玻璃纤维，一旦达到"柔软"状态，Roseman就可以轻松地操纵玻璃并将其编织成复杂的形状。正如Roseman解释的那样的动态材料，塌陷技术可以对其熔融状态时的运动进行精细控制。以这种方式使用玻璃的美妙之处在于能够看到在半空中捕获的熔化材料，从而创造出一种看起来像是悬浮在时间中的材料（图4-88）。

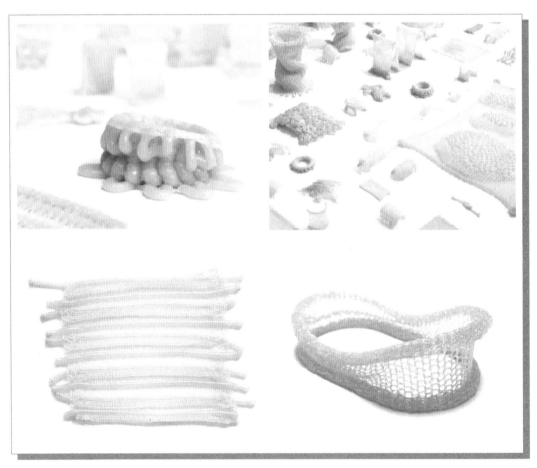

图4-88　二氧化硅"软玻璃"立体成型形态

5

材料应用畅想

5.1 生活日用

材料及工艺与家居产品的联系往往最为紧密，家居中材料细微的变化，可能呈现出截然不同的产品语义，而丰富多彩的材料与变化多端的工艺也为家居设计带来了多样的可能性。

（1）金字塔形琼脂块【作者：陈卓文、蒋茹茵、郭璇】

材料：琼脂、亚克力、闪粉、水彩。

作品介绍：作者将凝固后的琼脂从金字塔形模具中取出，发现取出后的琼脂因底部保持了一定的水分，靠水的张力可以吸附在亚克力板上。于是作者设想将亚克力板作为展板，将不同颜色、不同处理方式的金字塔形琼脂块在上面展出，并展示了纯琼脂块、添加了色素的琼脂块、添加闪粉与水彩的琼脂块等，体现出琼脂的无限可能性，见图5-1、图5-2。

图5-1　金字塔形琼脂块（1）　　　　　　　　图5-2　金字塔形琼脂块（2）

（2）绣线壁灯【作者：康馨元、齐璐嘉、余卓然】

作品名称：《五藏》。

作品介绍：《五藏》系列作品希望通过绣线这种柔软、温暖的材质，以壁灯的形式，把五脏以温和、可爱的方式展现在人们面前，呼吁人们关注内脏健康，加强对自己身体健康的维护，如图5-3～图5-6所示。

（3）基于淀粉的材料与工艺研究【作者：黄纯、邱杨、林昳敏】

作品介绍：该作品运用了以淀粉、磁粉为主导的混合材料，借助钟的载体，表现时间流动性和互动感，见图5-7。外表框架使用淀粉复合材料仿玉材质。指针是磁铁，淀粉磁流体在内部随着指针而缓慢移动，形成藕断丝连的表现。

（4）破碎系列陶瓷灯具摆件【作者：刘盎沅、高希萌、张璐】

作品介绍：该作品为破碎系列陶瓷灯具摆件，分别为破壳、冰封、融、万圣、熔岩等主题，如图5-8～图5-12所示。对完整的陶瓷杯进行破碎设计，加上综合材料和发光灯，使其在现代家居场景中起到氛围营造、气氛烘托的作用，成为小场景中的亮点；而特殊的材料工艺表现，赋予了这些产品别样的生命力。

图5-3 绣线壁灯（1）

图5-4 绣线壁灯（2）

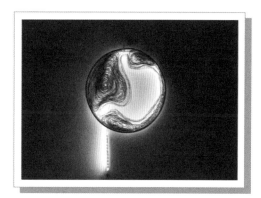

图5-5 绣线壁灯（3）

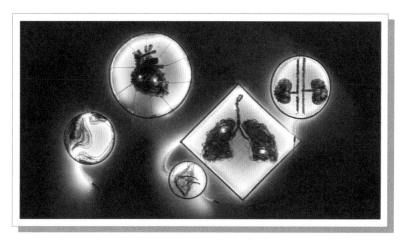

图5-6 绣线壁灯（4）

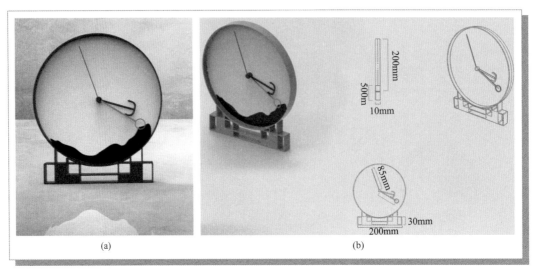

图5-7 淀粉磁流体动感摆钟

图5-8 破碎系列陶瓷灯具摆件（1）

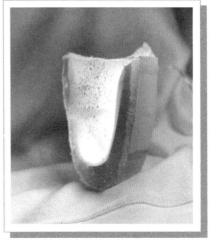

图5-9 破碎系列陶瓷灯具摆件（2）

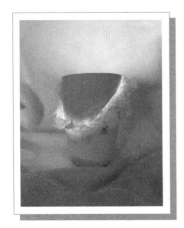

图5-10 破碎系列陶瓷
灯具摆件（3）

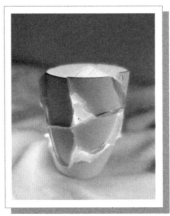

图5-11 破碎系列陶瓷
灯具摆件（4）

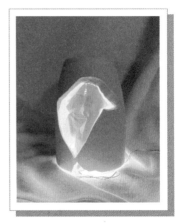

图5-12 破碎系列陶瓷
灯具摆件（5）

（5）不锈钢水波纹板

作为吊顶等区域的点缀装饰，不锈钢的特殊材质使得空间在视觉上层次更丰富，如图5-13、图5-14所示。常见的不锈钢表面处理工艺有拉丝、镜面、喷砂、镀钛、蚀刻、抗指纹等。不锈钢水波纹板是通过冲压的方式，将花纹冲压在不锈钢板上得到的。

图5-13　不锈钢水波纹板在生活空间中的
运用（1）

图5-14　不锈钢水波纹板在生活空间中的
运用（2）

（6）树脂、纸艺等综合材料研究【作者：马慧珊、戴经纬】

作品名称：《澜·岚》。

作品介绍：该系列作品是以不同的纸材、树脂、植物标本等材料结合的实验作品，着重体现自然的肌理纹饰之美，如图5-15、图5-16所示。

图5-15　纸艺系列包饰（1）

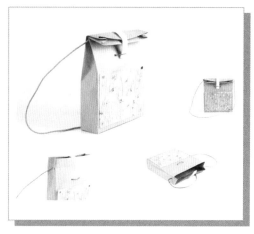

图5-16　纸艺系列包饰（2）

（7）S.Café 技术

S.Café技术采用低温、高压和节能工艺，将咖啡渣结合到纱线表面（图5-17），改变了长丝的特性，与棉花相比，干燥时间可更短。此外，咖啡渣上的微孔可以吸收异味，并一直反射紫外线。

S.Café ICE-CAF 是另一种可持续的纱线技术，其面料与普通面料相比，可以使我们的皮肤温度降低1～2℃，见图5-18。这种面料本身有一种凉爽的感觉。

S. Café 面料以快干、防异味和紫外线功能而闻名。第十代S. Café 纱线采用了真空溅射技术（无化学试剂），将银永久黏附在纱线上，几乎永久抑菌，见图5-19。

 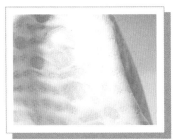 

图5-17　利用咖啡渣　　　图5-18　S. Café ICE-CAF 纱线　　　图5-19　第十代S. Café 纱线

（8）艺术服饰【作者：Ellen Bloo】

Ellen Bloo将时装设计中通常不太使用的木质材料设计在作品中，并将这些材料脱离人体"舒适区"进行了创造使用，如图5-20所示。Elen希望赋予她的这组抽象产品以"人性化"的特征。通过这样的方式，她创造了材料运用新的意义和可能性。

图5-20　木艺服饰系列

5.2 交通出行

随着社会经济发展、产业升级，在交通工具的设计中对复合材料的需求度日益增加，此类材料也逐渐被广泛应用。结合严密的现代加工工艺流程，使得交通工具产品的精度与质量得到了保证，各方面的性能得到了很大提升，使人们的日常出行具有安全保障及更加便捷。

（1）储氢合金

1974年的某一天，日本松下电器产业中央研究所的研究人员将钛-锰合金和氢气一起装入容器后，惊奇地发现氢气的压力居然从1013.325kPa降到了101.325kPa；所减少的氢气是被钛-锰合金"吃掉"了，而且其"胃口"相当大，被钛-锰合金吃进的氢气要比它本身大1000 ~ 3000倍。由于这种合金在一定温度和压力下会像海绵吸水那样大量吸氢，故称为"储氢合金"或"氢海绵"。

研究进展：已研制成功多种储氢合金，如TiFe、ZrMn、LaNi等，它们既可储存氢气，也可放出氢气。研究人员还研究了用储氢合金净化或提纯氢；设想将储氢合金引入汽车和厨房设备作为氢燃料，既环保又高效。

应用领域：氢动力电池车氢气的储存（图5-21）、净化和回收，氢燃料发动机，热-压传感器和热液激励器，氢同位素分离和核反应堆中的应用，空调、热泵及热储存，加氢及脱氢反应催化剂，氢化物—镍电池。

交通工具方面，碳纤维对汽车的减重、减排、节能具有强制性的推进作用。目前，随着碳纤维价格的下降，越来越多的汽车部件开始使用碳纤维增强复合材料。碳纤维在汽车零部件中的应用主要分布在汽车车身、内外饰、底盘系统，动力系统等方面（图5-22 ～图5-24）。

图5-21　氢动力电池车氢气储存

图5-22　碳纤维汽车内饰

（2）碳/碳复合材料

碳/碳复合材料是碳纤维及其织物增强
的碳基体复合材料，具有低密度、高强度、
高比模量、高导热性、低膨胀系数、摩擦性
能好等优点。

应用领域：航空刹车盘（副）、固体火
箭发动机喷管喉衬、民用飞机刹车控制系
统、高空飞行器等重点装备。

图5-23　航空刹车盘

图5-24　碳纤维公路车

5.3　环保循环

可食用材料的开发、环保材料在产品包装上以及装饰材料中的应用是一直被持续关注
的话题。环保材料与新型的加工工艺的结合往往能产生意想不到的效果，本章主要探讨环
保材料的应用与创新。

（1）可食用竹炭粉

可食用竹炭粉（图5-25）融入咖啡、蛋糕没有特殊味道，保留了主食品的原味，用作装
饰，给人"水泥黑"食物的视觉冲击感。有营养学家指出，从理论上说，竹炭通过接触食物
可以无差别地吸附食物中处于离子状态的各种元素，如有害的重金属元素，但也可能包括食
物中所含的钙、锌等有益微量元素。所以，竹炭粉作为少量食品装饰原料在理论上可行。

（2）可食用咖啡杯

新西兰航空公司刚刚推出了有趣又环保的可食用咖啡杯，除了能吃，还具有防漏和防
热的功能，有颜、有料、有味道，如图5-26所示。即便盛放了咖啡，这种杯子在一定时间
依然能保持酥脆口感。

图5-25　可食用竹炭粉

图5-26　可食用咖啡杯

（3）以槟榔树叶为原料的可降解一次性餐具

　　Plēta品牌背后是一家来自德国的年轻初创公司，该公司开发了一种以槟榔树叶为原料可自然降解的一次性塑料餐具替代品，见图5-27。利用槟榔的特殊特性，无需任何额外的化学物质即可用压力机将槟榔树叶压制成盘子；通过加热可使其更加坚硬，而且是碳中和且环保的。这些盘子出奇地坚固，可以多次清洗和反复使用。

图5-27　以槟榔树叶为原料的可降解一次性餐具

（4）植物环保餐具

Engraft植物环保餐具由生物塑料聚乳酸制成，来源于可再生资源，并且可以完全生物降解，见图5-28。设计师邓绮云从食物的表皮获得灵感，在产品上重现了其植物来源：芹菜握柄嫁接在餐叉上；菜蓟的花瓣转化成汤勺；带齿的菠萝叶成为餐刀。

（5）玉米贴面材料

Totomoxtle是一种由稀有玉米种类的多彩外壳（图5-29）制成的贴面材料。墨西哥设计师Fernando Laposse将玉米外壳加入材料中，把食品废料变成了具有吸引力的多功能贴面。

图5-28　植物环保餐具

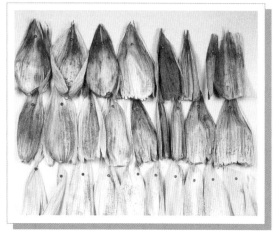

图5-29　玉米外壳纹理

Totomoxtle的制作流程是：将玉米外壳剥离；熨平后与背衬纺织品结合；激光切割后作为镶嵌件组装。其可用于装饰墙布、家居产品，如桌子、灯具、花瓶、装饰物等，见图5-30。

图5-30　玉米叶贴面材料应用

（6）木丝板

木丝板可以满足建筑声学解决方案的所有要求，即环保、可持续、可回收、防火和吸音。木丝板含有两种传统的建筑材料，即65%的长木纤维和35%的白水泥，将水泥的强度与木材的天然特性结合在了一起。木丝板是一种健康环保的材料，其独特的外形具有原始的美感。

木丝吸音板常用于教室、机场、餐厅、家庭影院、公寓楼、会议室、实验室、广播室、体育馆、医院、礼堂大厅、演播室等，如图5-31所示。

图5-31　木丝吸音板

（7）由水果废料和藻类制成的材料

柏林纺织设计师Youyang Song开发了PEELSPHERE，这是一种100%可生物降解的环保材料，由水果废料和藻类采用先进的材料工程技术制成，如图5-32、图5-33所示。作为

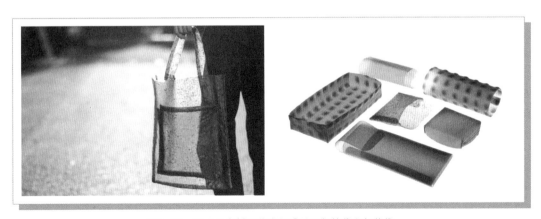

图5-32　由水果废料和藻类制成的环保拎袋和包装袋

图5-33 由水果废料和藻类制成的环保材料

真皮和合成皮革的替代品,这种新型纺织品既美观耐用又用途广泛。

（8）食物垃圾与细菌和酵母结合的材料

意大利设计师Emma Sicher将食物垃圾与细菌和酵母结合起来制作了一次性包装,希望能替代塑料包装和纸包装。

该项目名为 From Peel to Peel,主要是通过发酵微生物纤维素（SCOBY）和果蔬剩菜中的混合物来制作食品包装和容器（图5-34、图5-35）。在制作过程中,微生物将废料中的果糖和维生素转化为纯纤维素,直至形成类似明胶的材料。在室温下静置2～4个星期后,它会变成半透明的材料片,具有与纸张、塑料和皮革类似的质感。这种材料会因为在不同表面上干燥而具有不同的纹理,往往表面越光滑,就越有光泽。

图5-34 果皮垃圾与细菌和酵母结合制作的一次性包装

图5-35 果皮垃圾与细菌和酵母结合制作的一次性托盘

（9）纸板包装

Flex-Hex品牌热衷于从包装行业中去除塑料，通过创新和智能设计保护人们珍视的东西。他们用纸板包装解决方案证明了纸可以比塑料更坚固，无塑料包装是可以实现的。最初他们为帆板制造商设计生产蜂巢套，保护帆板不受损伤。这种蜂巢套可折叠，面积小、收纳方便，100％可堆肥，如图5-36所示。

随着化妆品的废弃量创下新高，他们也为美容品牌寻找了新的环保解决方案。其设计的Flexi - Hex Air系列专为化妆品设计，适应各种形状和尺寸，包括瓶子、泵、喷雾、罐子等。

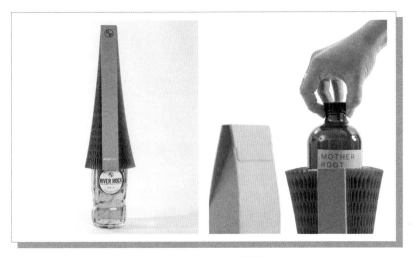

图5-36　可折叠蜂巢

5.4　科技创新

随着尖端材料科学研究的深入，石墨烯、碳纳米等特殊材料因超轻薄、韧性强、电阻率小等优良特性，被科学家认为是电子皮肤的优良"基底"。

Levi's通勤夹克的袖口上钉上了能实现触摸和手势互动功能的金属芯片，穿戴者简单地刷一下或轻敲衣袖就可播放或暂停音乐、控制导航应用，并与智能手机的任务助手进行对话，而不用停下来掏口袋，见图5-37～图5-39。

Bilihome品牌的蓝光疗法智能婴儿装采用了舒适贴合的可充电结构，可预防并减轻新

图5-37　袖口上的触摸和手势互动金属芯片

图5-38　触摸使用情景

生儿黄疸的影响。该产品的光学LED系统可提供治疗蓝光与高水平的辐照度和均匀性，其面料的选用和设计考虑了避免光线渗漏，透气性好。另外该产品还可以微调光线分布等，在提供高性能光疗的同时实现自然新生儿护理，如图5-40～图5-42所示

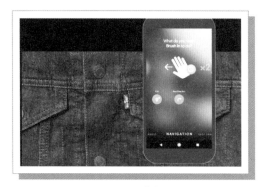

图5-39　配套应用程序

图5-40　蜂窝设计编织布

图5-41　蜂窝状开口增强空气流通，支持清洁

图5-42　服装整合可穿戴LED蜂窝，实现双面治疗或肌肤护理

东京Xenoma公司的EMStyle Professional电子皮肤是一款肌肉电刺激套装，可用于健身教练为远程客户提供个性化的肌肉模拟训练，见图5-43。

使用无电缆电子皮肤EMStyle套装，在20min的锻炼中可获得全身锻炼的效果。EMStyle集线器连接器容易扣上和关闭。其测试超过4400次，以确保无论用户训练多频繁，都不会耗尽用户的精力。它不需要任何外部控制设备，只需下载电子皮肤EMStyle个人应用程序到用户的智能手机上，并开始训练即可。无电缆电子皮肤EMStyle配件见图5-44。

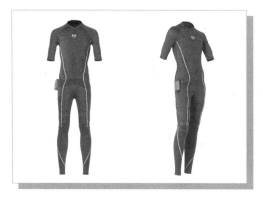

图5-43　无电缆电子皮肤EMStyle套装

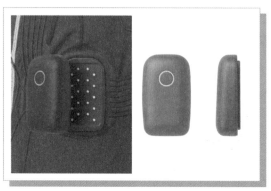

图5-44　无电缆电子皮肤EMStyle配件

Hexoskin Connected Health Platform 通过纺织传感器为男士、女士和儿童提供舒适的智能服装。Hexoskin 智能服装通过嵌入纺织品的传感器持续监测用户的心肺功能、睡眠和活动。Hexoskin 智能服装是舒适的非侵入性服装，自2013年以来已被数千名客户和患者广泛测试及采用。

Hexoskin 智能生物运动背心采用的是透气性极佳的意大利布料，质量很轻，并且速干功能强大。这款背心配有非常详细的说明书。为了实现最好的用户穿着体验，该背心的布料进行了优化调节，以适应各种潮湿、干燥的环境。此外，

图5-45　Hexoskin 智能服装通过嵌入纺织品的传感器持续监测用户的心肺功能、睡眠和活动

Hexoskin的这款背心具有防水功能，因此即使穿着它在雨天跑步，也不必担心内部的电子元件会发生损坏。更好的是，这件背心是可以机洗的，这也说明即使它经历了非常极端的恶劣环境，也能够正常工作。其胸部和腹部 RIP 传感器是唯一一种可连续评估患者肺功能的便携式解决方案，结合心电图和3轴加速度计来监测日常活动和睡眠，见图5-45。

迪拜世博会上的交互式吉祥物机器人OPTI通过与游客互动、参与表演和巡游，为来宾带来前所未有的世博体验，如图5-46所示。其工业设计团队选用了普通平面屏保证美学观感，叠加了高级算法直接制作"像素表情"，软硬件得以匹配，美学、材料工艺、科技完美兼顾。

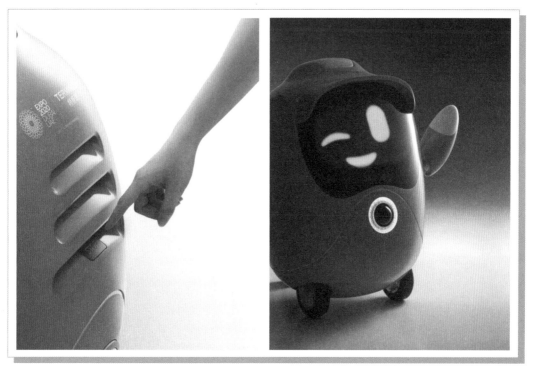

图5-46　迪拜世博会上的交互式吉祥物机器人OPTI

参考文献

［1］栾志军.材料的分类及优化检索系统的研究与设计［D］.青岛：青岛大学，2011.

［2］肖纪美.材料的定义及材料学的划分［J］.材料科学与工程学报，2006(4):481-483.

［3］胡卫国.艺术设计中常用材料的物理性能及其应用价值分析［J］.中国建材科技，2015，24(2):85-86，106.

［4］胡卫国.艺术设计中材料的分类与特性［J］.中国建材科技，2014(S2):224.

［5］覃超微.分析现代无机非金属材料的分类与构成［J］.建材与装饰，2017(46):58.

［6］张雯，高兴华，梁金生.现代无机非金属材料的分类与构成［J/OL］.中国陶瓷，1996(6):36-39.DOI:10.16521/j.cnki.issn.1001-9642.1996.06.012.